广西森林资源与生态状况监测体系构建的关键技术研究

蔡会德　卢　峰　张　伟　李惺颖　李成杰　等　著

广西科学技术出版社

图书在版编目（CIP）数据

广西森林资源与生态状况监测体系构建的关键技术研究／蔡会德等著．—南宁：广西科学技术出版社，2022.5

ISBN 978-7-5551-1763-6

Ⅰ．①广… Ⅱ．①蔡… Ⅲ．①森林资源—监测—研究—广西②森林生态系统—监测—研究—广西 Ⅳ．①S758.4 ②S718.55

中国版本图书馆CIP数据核字（2022）第055249号

GUANGXI SENLIN ZIYUAN YU SHENGTAI ZHUANGKUANG JIANCE TIXI GOUJIAN DE GUANJIAN JISHU YANJIU

广西森林资源与生态状况监测体系构建的关键技术研究

蔡会德　卢　峰　张　伟　李惺颖　李成杰　等　著

策划编辑：池庆松　　　　责任编辑：邓　霞
责任校对：吴书丽　　　　美术编辑：梁　良
责任印制：韦文印

出 版 人：卢培钊
出版发行：广西科学技术出版社
社　　址：广西南宁市东葛路66号　　　　邮政编码：530023
网　　址：http: //www.gxkjs.com

经　　销：全国各地新华书店
印　　刷：广西彩丰印务有限公司
地　　址：南宁市兴宁区长岗路103号7-1栋　　　　邮政编码：530023

开　　本：787mm×1092mm　1/16　　　　审图号：桂S（2021）57号
字　　数：245千字
印　　张：12
版　　次：2022年5月第1版
印　　次：2022年5月第1次印刷
书　　号：ISBN 978-7-5551-1763-6
定　　价：88.00元

（审图号二维码）

作者名单

蔡会德　卢　峰　张　伟　李惺颖　李成杰

罗蔚生　唐一飞　徐占勇　农胜奇　于新文

莫建飞　陈崇征　陈振雄　潘黄儒　莫伟华

杜　志　刘紫薇　李　震　黄进华　薛晓坡

文　娟　丁美花

内容简介

本书在总结国内外森林资源与生态监测技术发展状况的基础上，探索生态文明建设背景下广西森林资源与生态状况监测体系的优化与拓展；以国家森林资源连续清查、森林资源管理“一张图”为基础，研究森林生长与消耗的变化机理与规律，利用现代信息技术实现森林资源的网络化与网格化监测监督管理，耦合广西陆地生态系统定位监测数据，建立综合森林资源与生态状况监测、评价和预警系统。本书可为从事林业、自然资源、生态环境管理的人员或从事相关领域研究的科研工作者提供参考。

序

广西地处中国南部，跨北热带、南亚热带和中亚热带 3 个生物气候带，林业发展条件十分优越，森林资源丰富，植被类型多样，是我国重要的速生丰产用材林和短轮伐期工业原料林基地、国家储备林基地，木材产量多年来稳居全国第一位，保障了国家木材战略安全。习近平总书记对广西的生态文明建设给予充分肯定，称赞“广西生态优势金不换”，要求保护好广西的山山水水，筑牢南方生态安全屏障。多年来，广西的森林面积、森林蓄积量、森林生态系统服务功能稳步提升，实现森林保护与木材供应双赢，生态与产业步入高质量发展的轨道。

经过数十年的发展，我国森林资源清查体系不仅在清查方法和技术手段等方面与国际接轨，而且在组织管理和系统运行方面也规范高效起来，尤其是样地数量之大、复查次数之多，高新技术与地面调查结合，统计结果之丰富，都足以说明我国森林资源清查体系已居世界先进行列。但是从发展的角度看，我国森林资源监测体系的自动化水平还有待提高，国家与地方森林资源监测的衔接问题还有待改善，同时，在如何提供更多内容和时间更精细、空间分辨率更高的高质量数据，以及如何更好地满足经济社会发展需要等方面还需做出更多的探索和努力。

《广西森林资源与生态状况监测体系构建的关键技术研究》是在总结历次森林资源连续清查、森林资源“一张图”年度变更、重点公益林监测、生态定位监测等业务工作，并结合《国家森林资源年度监测评价方案》广西试点工作以及相关科研工作的基础上形成的。我认为该研究有以下创新之处：一是系统提出广西森林生态监测、评价与预警理论方法体系，综合采用数学建模、机器学习、地统计分析等方法，实现森林资源年度出数和生态状况监测评价；二是基于经向和纬向变化、广西植被特点与森林资源分布的现状，创新提出广西森林生态系统定位观测网络布局以及资源与生态耦合技术方法；三是研制基于“互联网 + 3S”技术开发林业野外信息通用采集系统，研究射频、传感器、无线定位等现代技术在森林生态监测中的应用，为建立基于现代装备为基础的广西森林生态监测系统打下很好的基础。

我对广西的林业保护与建设情况比较熟悉，长期在广西大青山实验局开展全林整体模型理论研究。2012 年受聘为广西壮族自治区主席院士顾问，曾给当地政府建言成立广西壮族自治区森林资源与生态环境监测中心。近年来，他们在监测领域取得了一系列成果，我感到很欣慰。森林资源调查监测是林业高质量发展的基础性工作，希望监测中心的同志们不忘初心，继续努力，把论文“写”在大地上。我相信本书的出版对广西林业的保护与发展具有重要作用，并乐意为序。

中 国 科 学 院 院 士
中国林业科学研究院研究员 唐守正
2022 年 4 月 15 日

前　言

党的十八大报告提出，把生态文明建设放在突出地位，融入经济建设、政治建设、文化建设、社会建设各方面和全过程，努力建设美丽中国，实现中华民族永续发展。把生态文明建设纳入“五位一体”中国特色社会主义总体布局，是时代赋予林业的新历史使命。党的十九大报告提出，我们要建设的现代化是人与自然和谐共生的现代化，既要创造更多物质财富和精神财富以满足人民日益增长的美好生活需要，也要提供更多优质生态产品以满足人民日益增长的优美生态环境需要。把“优质生态产品”纳入民生范畴，把“建设美丽中国”提升到人类命运共同体的理念高度。2021 年，习近平总书记在庆祝中国共产党成立 100 周年大会上强调，要“坚持人与自然和谐共生，协同推进人民富裕、国家强盛、中国美丽”，提出了不断推动构建人类命运共同体、推动高质量发展的要求。森林是陆地生态系统的主体，在维护国土生态安全，保障木材有效供给，助推区域经济发展等方面有着重要的地位和作用，在生态文明建设中更是有着无可替代的作用。森林资源是自然资源的重要组成部分，是人类赖以生存的物质基础，开展森林资源与生态状况综合监测体系研究，对发展现代林业、推进生态文明建设、推动科学发展具有重要意义。广西位于祖国南疆，境内植被类型多样，动植物区系成分复杂，森林资源十分丰富。广西森林资源监测体系初建于 1977 年，到 2015 年，已经开展了 9 次森林资源连续清查，及时准确地掌握森林资源消长动态，为各级政府进行林业建设决策和客观评价森林经营活动效果提供了科学准确的数据。随着经济社会的发展以及林业发展战略的变化，现有的森林资源监测体系需要与时俱进，进一步优化、拓展和创新。近年来，广西开展了森林资源管理“一张图”建设，其中，以图斑为基础的森林资源管理平台已初步建成。与此同时，森林资源经营与管理要求更加精细，因此，现阶段必须针对当前森林资源与生态状况监测存在的主要问题，围绕林业和生态建设的总体需要，遵循监测高效、体系耦合、技术先进的理念，建立综合森林资源与生态状况的监测、评价和预警系统，实现空间数据的网络化、网格化高效管理和应用。

针对上述需求，本书在总结广西森林资源与生态状况监测工作的基础上，结合近年的科学技术发展与生产实践，开展相关研究，探索生态文明建设背景下的广西森林资源与生态状况监测体系的优化与拓展。以国家森林资源连续清查、森林资源管理“一张图”为基础，研究森林生长与消耗的变化机理和规律，利用现代信息技术实现森林资源的网络化与网格化监测监督管理，耦合陆地生态系统定位监测数据，提出构建广西森林资源与生态状况监测、评价和预警的技术体系。全书共 10 章，第 1 章主要介绍国内外相关研究的进展，回顾广西森林资源与生态状况监测工作，分析现行监测体系亟待解决的技术问题与发展趋势；第 2 章主要介绍研究区域森林资源与生态状况；第 3 章提出了森林资源与生态状况监测体系总体框架与技术方法；第 4 章提出了广西森林资源连续清查体系优化方案，研究了森林资源管理“一张图”与连续清查体系的耦合方法、森林生长与消耗的变化规律；第 5 章主要研究森林生态系统定位观测研究网络布局，并以大瑶山森林生态站为例，介绍森林生态定位观测站的建设与观测内容；第 6 章探索森林资源监测与生态状况监测的数据耦合理论与方法；第 7 章主要研究林地质量评价、乔木林质量评价、植被生态质量评价、森林生态功能评价以及森林资源与生态战略地位评价；第 8 章主要探索森林资源与生态状况预警模型建立，以及人工智能、系统仿真在森林资源预警中的应用；第 9 章介绍了森林资源与生态监测新技术及其业务化应用系统研发，主要包括智能终端软件开发、多源数据融合、超宽带定位、传感器、生长模型等；第 10 章总结了监测体系建设取得的成效，并对其今后的发展进行思考。

本书研究成果获广西林业科技项目（桂林科字〔2016〕第 25 号）、国家重点研发计划子课题（2017YFD0600901-4）、国家林业和草原局生态定位站运行资金、来宾金秀大瑶山森林生态系统广西野外科学观测研究站（桂科 22-035-130-01）资助，中国林业科学研究院唐守正院士为本书作序，在出版过程中得到广西科学技术出版社的大力支持，一些同志还参与了相关研究工作，在此一并表示衷心感谢。由于著者水平有限，书中有不足之处，敬请读者批评指正。

著者

2022 年 4 月

目　录

第 1 章　研究背景与进展

1.1 研究背景

森林生态系统是地球陆地上覆盖面积最大、结构最复杂、生物多样性最丰富、功能最强大的自然生态系统，并随着时间、空间不断变化进行能量交换、物质循环和能量传递。作为陆地生态系统主体，森林在生态文明建设中有着无可替代的作用。把生态文明建设放在突出地位，融入经济建设、政治建设、文化建设、社会建设各方面和全过程，努力建设美丽中国，实现中华民族永续发展，把生态文明建设纳入“五位一体”中国特色社会主义总体布局，是时代赋予林业的新历史使命。此外，林业在应对气候变化方面具有特殊的作用。在《巴黎协定》谈判过程中，中国政府承诺 2030 年前“森林蓄积量比 2005 年增加 45 亿立方米”。为了实现《巴黎协定》确定的目标，为应对气候变化做出更多重要贡献，中国于 2020 年宣布将提高国家自主贡献力度，采取更加有力的政策和措施，力争 2030 年前二氧化碳排放达到峰值，努力争取 2060 年前实现碳中和；承诺 2030 年“森林蓄积量将比 2005 年增加 60 亿立方米”。林业碳汇在实现二氧化碳排放达到峰值目标与碳中和愿景过程中持续扮演重要角色，这是中国为维护全球生态安全、促进世界文明发展又迈出的重要一步，体现了中国政府的全球生态安全担当。

为了践行绿水青山就是金山银山的理念，适应新时期生态文明建设的需要，必须从传统监测工作增补生态状况调查和评价指标入手，建立评价指标体系，科学评价生态状况变化及其驱动因子，为生态系统的调控提供科学依据。《中共中央　国务院关于加快林业发展的决定》中明确要求，要重点研究开发包括森林资源与生态监测在内的各种关键性技术，建立完善的林业动态监测体系，整合现有监测资源，对我国的森林资源、土地荒漠化及其他生态变化实行动态监测，定期向社会公布。《中华人民共和国森林法》要求落实国土空间开发保护要求，合理规划森林资源保护利用结构和布局，制定森林资源保护发展目标，提高森林覆盖率、森林蓄积量，提升森林生态系统质量和稳定性；实行森林资源保护发展目标责任制和考核评价制度；国家建立森林资源调查监测制度，对全国森林资源现状及变化情况进行调查、监测和评价，并定期公布。随着林长制改革的推进，逐步建立健全党政同责、属地负责、部门协作的长效机制，也将对森林资源总量和增量建立绩效评价制度。根据自然资源部颁发的《自然资源调查监测体系构建总体方案》，森林资源调查监测数据与第三次全国国土调查数据对接融合，形成综合监测本底数据，逐步建立自然资源统一调查、评价、监测制度，形成协调有序的自然资源调查监测工作机制。森林资源综合监测是全面掌握森林资源与生态状况变化的有效手段，应从森林资源可持续经营与生态系统管理的高度出发，开展广西森林资源与生态状况监测体系研究，使监测内容逐步拓展，技术方法更加科学，产出成果更为丰富，监测更为高效，为全面把握林业发展趋势、制定和调整林业方针政策、编制林业发展规划与国民经济和社会发展规划等重大战略决策提供科学依据，对发展现代林业、推进生态文明建设、推动科学发展具有重要意义。

1.2 国外研究概况

20 世纪中叶，资源与环境问题逐步成为全球关注的问题，国际组织和一些发达国家开始建立资源与环境观测网络及其数据管理系统。1992 年，联合国《里约热内卢环境与发展宣言》正式提出可持续发展战略，这是人类构建生态文明的重要里程碑。

1990 年，美国建立了一个覆盖全美的森林健康监测（FHM）体系，并逐步与美国森林清查与分析（FIA）组成综合的森林资源清查与监测（FIM）体系。自 2003 年起，美国对森林资源清查与监测工作进行了调整，将原来的各州依次定期清查改为全美 50 个州每年清查 1 次，每次调查 1/5 的固定样地，每年和每 5 年需提交资源清查报告；还将 FHM 与 FIA 的样地进行合并，形成一个全国统一的三阶抽样的年度清查系统——FIM。其中，第一阶样地是遥感抽样，利用卫星影像进行分层，将地面信息划分为有林地和无林地；第二阶样地是传统的 FIA 地面样地，样地为六边形，全美约 38 万个，其中 12.5 万个为永久性的有林地样地，调查土地利用、林分状况、立地条件、每木检尺等；第三阶样地是原先 FHM 系统中用于调查的地面样地，每 16 个第二阶样地中选取 1 个作为第三阶样地，全美约 2.4 万个，调查内容主要是有关森林生态功能、生长条件和森林健康方面的因子。

巴西森林面积居世界第二，森林蓄积量居世界第一。巴西的国家森林资源清查为 5 年 1 个周期，其信息由 5 个方面组成。①植被图：以地形图和卫星数据为基础，按照生态区域、植被类型、树种组等制作植被图。②森林景观：按 40 km × 40 km 间距设置网格，进行 10 km × 10 km 单元抽样，通过高分辨率卫星数据分析景观层面森林资源状况。③森林状况：按 20 km × 20 km 网格设置群团样地调查，记载立地、林型和利用情况，并进一步通过样地实测，反映林况和生物多样性，反映森林数量和质量。④访问调查：

反映当地社区居民对森林资源的需求、利用和保护情况，开展社会经济评价，为提出相关政策提供依据。⑤相关研究和管理结果。

德国的森林经营和林业发展走在世界前列，森林资源监测也走在世界前列。德国在1986—1988 年开展第一次基于数理统计方法的国家森林资源清查；2000—2002 年开展第二次国家森林资源清查。自 1984 年起，每年开展森林健康调查，通过树冠冠幅大小、颜色和落叶情况，确定样树健康等级，每株样树要记录其土壤类型、土壤水分、腐殖质、虫害、真菌等调查因子，经过分析形成森林健康调查报告，为分析森林的生态功能和治理欧洲大气污染提供了可靠的信息。1987—1993 年开展第一次森林土壤调查；2006—2008 年开展第二次森林土壤调查。通过挖土壤剖面记载每个样地的土壤类型、结构，并取土样、收集样木树叶，目测树冠损害情况，对土壤样本和树叶样本进行化学试验分析。土壤与树木营养调查的目的在于了解通过土壤传播的病虫害或因土壤养分不平衡所引起的森林病虫害及森林退化情况，同时与森林健康调查相结合，分析工业污染情况，评价地下水质量。

为解决人与自然相互关系等重要问题，19 世纪末期，世界上就相继出现了许多知名的生态定位研究站，到 20 世纪 70 年代组建的“人与生物圈计划”（MAB）和 80 年代组建的国际地圈 - 生物圈计划（IGBP）等，极大地推动了各国生态定位站研究工作的开展，逐步发展形成全球变化生态学。特别是 1992 年联合国环境与发展大会以后，生态系统观测研究网络发展迅速，一些国家、地区或国际组织建立了国家、区域、全球性尺度的长期定位观测研究网络，如在国家尺度上有美国长期生态学研究网络（US-LTER）、英国环境变化网络（ECN）等；在区域尺度上有中国台湾长期生态学研究网络（TERN）、欧洲森林大气污染影响监测（ICP Forest）等；在全球尺度上有联合国陆地生态系统监测网络（TEMS）、全球陆地观测系统（GTOS）、全球气候观测系统（GCOS）等。1997 年，美国生态学家 Constanza 等人开展了“全球生态系统服务功能与自然资本的价值估算”工作，此项开创性工作得到了国际生态学界的普遍认可。2001 年世界环境日，联合国启动千年生态系统评估（MA）项目。

总体而言，国际森林资源与生态状况监测的发展，与世界林业的发展历程、人们对林业需求的变化、相关学科理论以及现代技术的发展息息相关。当前世界各国的森林资源调查监测主要是围绕着可持续发展指标来采集所需要的信息，如蒙特利尔进程、赫尔辛基进程提出的森林保护和可持续经营的标准和指标，涉及生物多样性、森林生态系统、水土保持、碳循环、社会效益和经济效益等丰富的内容。监测内容，除传统的森林生长指标外，还增加了森林健康状况和重要生态环境因子，如在国际林业研究组织联盟（IUFRO）、联合国粮农组织（FAO）等国际组织出版发行的《国际森林监测指南》中，监测因子包括土地利用、土地覆盖、土地退化、立地类型、土壤类型、地形、权属、可及度、生物量、木材蓄积量、其他林产品、生物多样性、森林健康、野生动物、人为影响、流域等大项 16 项。在监测手段上，采用成套的先进仪器设备，实现了对森林资源和重要生态因子的连续观测和数据的自动处理，从而节约了大量人力物力，提高和保证了观测数据的准确性和连续性。当前林业发达国家的森林资源监测已经向着资源和环境监测一体化的方向发展，为应对气候变化、促进林业可持续发展提供基础支撑。

1.3 国内研究概况

中华人民共和国成立以来，森林资源监测系统技术从无到有，历经摸索、学习、提高和飞跃的过程。建国初期，资源监测技术力量薄弱，主要是学习苏联的森林资源调查技术规程。1957 年，中国引入角规测树方法，经历了从逐步推广到普遍采用的发展历程。20 世纪 60 年代，引入以数理统计为基础的抽样调查技术体系。20 世纪 70 年代，全国开展“四五”期间森林资源清查，1977 年，在总结“四五”期间森林资源清查的基础上，建立全国森林资源连续清查体系，共设样地超 16 万个，森林资源监测技术开始步入先进国家行列。20 世纪 80 年代，结合目测调查与抽样调查的各自优点，提出了小班目测调查与抽样调查相结合的方法，既能将资源落实到山头地块，又能保证总体调查精度。这一时期，计算机、数学模型等技术开始有了较大的发展。20 世纪 90 年代，在联合国开发计划署（UNDP）的援助下，原林业部组织专家开展国家森林资源监测体系优化研究，将“3S”技术、信息管理技术、网络技术、数学模型以及现代抽样技术引入森林资源监测，研究成果达到国际先进水平。21 世纪初期，森林资源监测内容与标准进一步与国际接轨，从传统的森林面积和蓄积量调查逐步过渡到与林业可持续发展相适应的森林资源与环境监测调查。国家先后制定颁布了《国家森林资源连续清查技术规定》等技术标准、规程和规范，基本形成了配套的调查监测制度，完成了全国森林资源与生态状况综合监测体系框架研究，逐步形成了以国家森林资源连续清查为主体的全国森林资源与生态状况监测体系。2014 年 7 月，由全国政协副主席罗富和发起的森林资源连续清查体系理论与实践座谈会，以“服务生态文明，配合政府任期考核，完善森林资源连续清查体系”为主题，围绕新时期国家森林资源连续清查体系优化完善的问题进行深入研讨。会议认为，经过 40 年的探索与实践，我国森林资源连续清查体系已处于世界先进水平，其调查内容逐步扩展，技术方法日臻完善，产出成果不断丰富，为制定林业方针、政策和编制林业发展规划提供了系统而翔实的信息支持，为经济社会发展以及生态环境建设做出了重要贡献。

原国家林业局于 2010 年开展的森林资源管理“一张图”建设，到 2020 年已初步建成以图斑为基础的全国森林资源管理平台。

生态监测方面，中国生态定位监测与研究源于 20 世纪五六十年代，1988 年中国科学院创建了中国生态系统研究网络（CERN），主要是对中国主要类型生态系统和环境状况开展长期、全面的观测和研究，将监测生态系统长期变化、研究生态系统演变机制、示范生态系统优化管理模式作为整个网络的三大基本科技任务。进入 21 世纪，中国林业以六大工程的全面启动为标志，进入了以生态建设为主、全面推进现代林业建设的关键时期，生态监测取得长足发展。2003 年，原国家林业局召开了全国森林生态系统定位研究网络工作会议，正式研究成立中国森林生态系统定位研究网络（CFERN），编制了《国家林业局陆地生态系统定位研究网络中长期发展规划（2008—2020 年）》。截至 2019 年底，国家林业和草原局主导建设的定位观测研究站已有 202 个，形成了横跨 35 个纬度的全国性观测网络，开展了陆地生态系统的组成、结构、生产力、养分循环、水循环、能量利用等在自然状态下的动态变化格局与过程方面的长期观测和研究。为适应林业内涵发展的需要，国家林业和草原局在森林资源监测体系的基础上增加了反映森林生态、森林健康、土地退化等方面的指标和评价内容，并开展森林资源和生态状况综合监测体系建设框架研究，旨在为国家宏观决策提供更全面、更科学的依据。当前，中国森林资源与生态监测体系由多个专项体系组成，包括森林资源监测、荒漠化监测、湿地监测、森林生态定位监测、林业碳汇计量监测等。中国林业科学研究院以国家现有森林生态系统定位观测研究站为依托，采用长期定位观测技术和分布式测算方法，结合国家森林资源连续清查数据定期对一定时期内一定区域的森林生态系统服务功能进行评估，评价一定时期内森林生态系统的健康状况和动态变化情况，先后出版《中国森林资源及其生态功能四十年监测与评估》《生态文明制度构建中的中国森林资源核算研究》等系列专著。

在省级层面上，广东在 2002 年以省级森林资源连续清查体系为基础，结合林业部门建立的定位监测信息，建立起全省的生态状况监测思路，出版《森林生态宏观监测系统研究》，开展森林资源与生态状况综合监测试点，将生态功能等级、森林植物多样性、森林生物量等试点指标纳入森林资源清查体系；浙江从 2012 年起，结合全省森林资源“双增”目标年度考核工作，在全部复查省级固定样地的基础上，根据各设区市的森林资源状况进行加密控制，共加密样地 1 047 个，每年调查地面样地 5 299 个，并在嘉兴市、舟山市布设遥感监测样地 5 151 个，从而做到了分设区市年度出数。此外，随着遥感、全球定位系统和地理信息系统为代表的信息技术取得长足发展，森林资源与生态监测领域还广泛应用遥感技术快速获取大区域森林资源空间信息，利用全球定位系统技术准确定位各类空间信息，利用地理信息系统技术对获取的各类信息进行分析处理，大幅度降

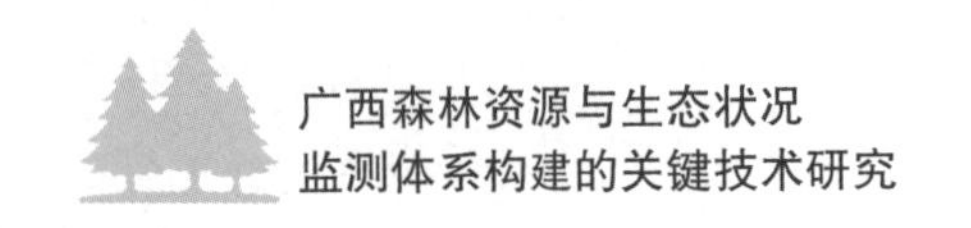

低劳动强度，提高成果质量，缩短成果编制时间，增强调查成果的现势性。

1.4 广西森林资源与生态状况监测工作回顾

（1）森林资源连续清查

广西森林资源监测工作与全国发展同步，监测体系是在总结1956年、1960—1961年和1970—1974年3次广西森林资源调查经验的基础上，吸收国内外的先进技术方法，基于点抽样理论建立起来的一种抽样调查体系。1977年，广西开展第一次森林资源连续清查，此后经过9次森林资源连续清查，在较短的时间内，以较少的人力、物力和财力解决了长期以来森林资源数据不清的问题，森林资源连续清查成为1977—2020年间广西森林资源监测最重要的方法和手段。随着科学技术的不断发展，森林资源连续清查体系也与时俱进，不断丰富和优化森林资源调查技术方法，特别是“3S”技术在精确调查中的深层次应用，拓展调查了生物多样性、森林生物量等生态状况因子，为及时准确地掌握广西森林资源消长动态奠定了坚实的基础，为各级政府进行林业建设决策和客观评价森林经营活动效果提供了科学准确的数据。

（2）生态公益林监测

为维护和改善生态环境，国家根据生态保护的需要，将生态区位重要或者生态状况脆弱，以发挥生态效益为主要目的的林地和林地上的森林划定为公益林。2004年，根据原国家林业局和财政部联合印发的《重点公益林区划界定办法》，广西区划国家重点公益林面积383.8×10^4 hm^2。2005年，区划自治区级公益林134.7×10^4 hm^2。区划后广西自治区级以上公益林面积518.5×10^4 hm^2，分布在江河源头、江河沿岸、重要水库、喀斯特地区、红树林和沿海防护林基干林带、中越边境沿线、森林公园、国铁国道两侧，重点公益林布局构筑了广西重要的绿色生态屏障。根据原国家林业局和财政部于2004年先后印发的《重点公益林区划界定办法》《中央森林生态效益补偿基金管理办法》的有关要求，广西结合重点公益林资源特点，采用典型监测、重点地区监测、资源档案更新相结合的方法，建立重点公益林资源监测体系。其中资源状况监测主要包括重点公益林资源数量、质量及其动态变化情况；生态状况监测主要包括物种多样性、土壤流失情况、保育土壤能力、水源涵养能力等内容，实现重点公益林资源和生态状况的动态监测。

（3）喀斯特地区石漠化监测

广西喀斯特地区土地分布区域广阔，除桂南、桂东南及部分平原地区外均有分布，涉及10个市77个县（区），监测区喀斯特地区面积833×10^4 hm^2。石漠化是喀斯特地区土地退化的极端形式，是广西主要的生态问题。石漠化土地监测是通过定期调查，掌握石漠化土地的现状、动态及控制其发展所必需的信息，其目的是为国家和地方制定石漠化防治政策、编制综合治理规划、实现可持续发展战略提供基础数据。2005 年，广西壮族自治区林业局组织开展首次喀斯特地区石漠化土地监测工作，针对喀斯特地区地形复杂，地块破碎，单纯依靠遥感技术对植被覆盖下的地类判别的局限性，采用“3S”集成技术进行石漠化监测与实地核查，按照省－县－乡－村－图斑五级区划系统进行监测。监测成果客观反映广西石漠化土地面积、程度及其空间分布状况，成果得到原国家林业局高度评价，为制定石漠化防治政策、编制综合治理规划提供了科学依据。截至 2021 年，广西已开展 4 次全区性的石漠化监测，并在此基础上编制石漠化综合治理规划。

（4）沙化土地监测

为了定期掌握广西沙化土地的现状及动态变化信息，为国家和地方制定防沙治沙政策和长远发展规划，保护、改良和合理利用国土资源，实现可持续发展战略提供基础资料，广西建立了土地沙化监测体系，监测区包括北海市的海城区、银海区、铁山港区、合浦县，防城港市的防城区、东兴市，钦州市的钦南区、钦州港区。1994 年，根据原国家林业局部署，广西建立土地沙化监测体系，首次查清了广西沿海地区风沙化土地的面积和分布，并建立了沙化土地数据库和监测系统，揭示了沙区和不同风沙化类型土地的现状、成因、发展及变迁规律。1999 年，广西开展第二次沙化土地监测工作。2004 年，广西开展第三次沙化土地监测工作，引进遥感、地理信息系统、全球定位系统等前沿技术进行沙化监测。截至 2020 年，广西先后开展 6 次沙化土地监测工作。

（5）林业碳汇计量监测

国际社会对林业的碳汇功能已形成高度共识，林业措施是应对气候变化的重要途径。建立林业碳汇计量监测体系是我国林业应对气候变化国家战略的重要组成部分。按照《全国林业碳汇计量监测体系建设总体方案（2014 年）》的要求，以广西国土范围为总体，以 24 km × 24 km 格网作为抽样单元，在格网中心点布设 4 km × 4 km 规格的固定样地。广西共布设国家级林业碳汇计量监测样地 417 个，通过地面遥感大样地调查，获得一定范围内土地利用类型及变化信息，结合森林植被生物量测算和地类变化监测，实现在一定监测周期内对土地利用、土地利用变化与林业（LULUCF）所引起的碳变化计量监测。监测成果为阐明林业应对气候变化的作用，服务好国家应对气候变化的内政外交提供科学依据和技术支撑。截至 2021 年，广西已开展 3 次林业碳汇计量监测。此外，广西设计并实施了全球第一例被联合国清洁发展机制（CDM）执行理事会批准注册的 CDM 再造林项目，为制定和完善国际 CDM 造林再造林项目实施规则、政策、标准等提供了科学依据和可借鉴的实践经验，基于清洁发展机制的广西林业碳汇监测与交易造林再造林项目走在全国前列。

（6）生态定位观测

1979 年，原广西农学院林学分院（现为广西大学林学院）建立了森林生态观测站，开展气象、森林土壤、森林水文和森林群落学特征等方面相关指标的监测。2021 年，广西区内已建成 5 个林草系统国家定位观测研究站和 1 个省级站（林业主管部门管理的漓江源森林站、友谊关森林站、大瑶山森林站、凭祥竹林站、北海红树林湿地站等 5 个国家定位站和南宁七坡桉树省级生态站）；另有由中国科学院亚热带农业生态研究所始建于 2000 年的环江喀斯特生态系统观测研究站 1 个，为国家生态系统观测研究网络（CNERN）和中国生态系统研究网络（CERN）成员之一。2020 年，广西壮族自治区林业局印发《广西陆地生态系统定位观测研究网络发展规划（2020—2030 年）》，规划建设生态站 25 个，为解决重大科学问题，开展生态系统评估、灾害评估、重点生态工程评估、生态预警以及政府决策等提供基础数据。

（7）森林资源规划设计调查与其他生态监测

1971—1974 年，广西进行过 1 次森林资源全面调查（即“四五”清查），这次调查是广西第一次在统一方法和精度要求下进行的森林资源调查，森林面积采用成数抽样方法，蓄积量采用分层抽样方法。1986—1992 年，为了适应造林灭荒，绿化达标，调整林业产业结构，提高林分质量，更好地发挥森林的三大效益，在原广西壮族自治区林业厅的统一部署下，广西开展森林资源二类调查，本次调查方法以原林业部 1982 年 12 月颁布的《森林资源调查主要技术规定》为依据进行。1998—1999 年，根据广西壮族自治区人民政府办公厅桂政办电〔1998〕309 号文和桂政办电〔1999〕153 号文的通知精神，广西开展第三次大规模规划设计调查，目的是摸清森林资源数量、质量、结构、分布现状及其变化动态，评价森林经营效果，为编制“十五”期间年森林采伐限额、开展森林分类区划界定工作提供科学、可靠的决策依据。其中，桂林、柳州、河池、梧州等地市在调查中引入了遥感技术。2008—2009 年，根据广西壮族自治区人民政府办公厅桂政办电〔2008〕194 号文的通知精神，广西开展第四次森林资源规划设计调查，本次调查全面采用高分辨率遥感技术，通过图像自动分割技术区划小班。2017—2019 年，广西开展第五次森林资源规划设计调查，探索激光雷达技术在森林资源调查中的应用。此外，广西还开展了湿地资源第一次（2000 年）和第二次（2011 年）调查，实现了国家重要湿地面积变化的动态监测；还开展了野生动植物调查、红树林调查、古树名木普查等。

1.5 现行监测体系亟待解决的技术问题

林权制度改革后，森林经营管理呈现出林权结构分散化、经营主体多元化、经营形式多样化的特征，给森林资源管理带来深刻的影响和极大的挑战。此外，把森林资源管理和森林保护与政府领导的政绩相挂钩，充分发挥地方政府在管理保护森林资源中的作用，需要对各级领导干部林业建设任期目标进行有效考核和评价。问题是科学研究的原动力，以现实存在的问题为导向，开展科学研究，可以更好地解决实践和现实的难题。

（1）监测基础工作滞后

监测工具、仪器落伍，野外信息采集数据共享性差；主要森林树种生长模型针对性不强，特别是阔叶树缺乏主要种的模型；材积表长期没有检验更新，度量失衡，资源监测的基础性工作明显滞后，资源与生态监测预警研究理论与技术匮乏。

（2）生态状况监测能力不足

国家已经将生态文明建设纳入“五位一体”中国特色社会主义总体布局，实施以生态建设为主的林业可持续发展战略，但现行的监测体系还不能适应生态文明建设的发展，监测内容不够完善，如在森林资源监测评价指标方面，缺乏涵养水源、保持水土、森林固碳、土壤退化等森林生态环境监测的内容。另，评估数据欠缺、评估指标不够全面、评估参数不够准确等问题，难以满足生态评估的要求。此外，生态定位观测研究站数量也不足，分布不均衡。

（3）监测体系效率不高

目前，虽然在森林、湿地、石漠化、工程效益监测等方面做了大量的工作，但是每项监测往往是根据自身的需求，独立布设监测网点，监测指标交叉、重叠，没有将现有的监测资源优化、整合，监测数据共享、共用性差，监测效率有待提高。

（4）国家与地方监测体系不兼容

国家森林资源监测体系为宏观决策提供基础数据，采用的是森林资源连续清查的方法。地方监测体系大多是依托森林经营单位开展的森林资源规划设计调查数据为本底，结合森林资源档案建立起来的体系。两种体系各有优点，不能相互替代，但两者的目的、用途、方法、调查时间、部分标准等存在差异，客观上存在不一致的两套数据，差异较大，难以实现国家和地方森林资源数据协同管理和应用。

（5）监测成果难以适应现行管理需要

国家将森林面积、蓄积量纳入政府考核约束性指标，要求各级政府提供年度森林资源现状与变化情况，而传统的森林资源连续清查每5年出1次数据，无法满足现行管理要求。此外，由于样地数量多，需要花费大量人力、物力和财力，监测成果也仅够解决省级森林资源的面积、蓄积量、覆盖率、生长量、消耗量等几个指标，且数据难以落实到地级市，监测体系亟待优化。

1.6 发展趋势

（1）更加重视理论研究与多学科融合

加强哲学、系统科学、生态学、环境科学、林学、信息科学、测绘科学等学科的深入研究与交叉融合，为宏观监测与预警提供新的理论基础。

（2）更加注重研究内容的深度和广度

森林资源监测内容与标准进一步与国际接轨，从传统的森林面积和蓄积量调查逐步过渡到与林业可持续发展相适应的森林资源与环境监测。强调对森林资源、土地退化、森林生态、森林健康、森林生物多样性等多资源和多功能的森林生态综合监测。

（3）更加重视资源与生态监测数据的耦合

长期以来，森林资源调查以森林面积、蓄积量为主体，生态定位观测也相对独立，自成体系，两者并无关联。随着对“绿水青山就是金山银山”理念的深入认识，以生态地理区划为单位，依托定位观测生态站观测数据和森林资源清查数据，实现森林资源与生态监测数据的有机耦合是今后的发展方向。

（4）更加注重研究手段的先进性

以计算机和网络技术为核心的高新技术日趋成熟，遥感技术在资源调查和研究领域内大范围使用，为森林资源和生态状况综合监测以及信息管理系统建设提供了有力的技术支持。

（5）更加注重监测成果的应用

构建生态文明建设政府考核体系是生态文明建设的重要抓手，我国已将森林面积、蓄积量纳入政府考核约束性指标。中国高度重视应对气候变化，采取了一系列减缓温室气体排放的政策措施，并积极参与国际社会应对气候变化进程，国家的森林资源监测体系为准确计量森林碳汇、指导森林可持续经营、制定减排增汇政策、评价区域发展环境容量以及国际气候谈判提供技术支撑。可以预见，调查监测的结果将在生态修复规划、生态系统管理、生态评估、监测预警、国际谈判等方面起到越来越重要的作用。

参考文献

[1] 蒋有绪.世界森林生态系统结构与功能的研究综述[J].林业科学研究，1995，8(3)：314-320.
[2] 吕宪国，等.湿地生态系统观测方法[M].北京：中国环境科学出版社，2005.
[3] 肖兴威，姚昌恬，陈雪峰，等.美国森林资源清查的基本做法和启示[J].林业资源管理，2005(2)：27-33，42.
[4] 李忠平，黄国胜，曾伟生，等.巴西森林资源监测及遥感技术应用的基本做法和启示[J].林业资源管理，2012(05)：125-128.
[5] 肖兴威.中国森林资源与生态状况综合监测体系建设的战略思考[J].林业资源管理，2004(3)：1-5.
[6] KANGAS A，MALTAMO M.森林资源调查方法与应用[M].黄晓玉，雷渊才，译.北京：中国林业出版社，2010.
[7] 戈峰.现代生态学[M].北京：科学出版社，2008.
[8] 陆元昌，曾伟生，雷相东，等.森林与湿地资源综合监测指标和技术体系[M].北京：中国林业出版社，2011.
[9] 肖兴威.中国森林资源清查[M].北京：中国林业出版社，2005.
[10] 罗富和，赵树丛.中国森林资源连清体系的发展机遇与完善策略[M].北京：中国林业出版社，2015.
[11] 国家林业局中国森林生态系统服务功能评估项目组.中国森林资源及其生态功能四十年监测与评估[M].北京：中国林业出版社，2018.
[12]“中国森林资源核算研究”项目组.生态文明制度构建中的中国森林资源核算研究[M].北京：中国林业出版社，2015.
[13] 林俊钦.森林生态宏观监测系统研究[M].北京：中国林业出版社，2004.
[14] 肖兴威.新时期森林资源管理探索[M].北京：中国林业出版社，2007.
[15]《广西壮族自治区林业勘测设计院志》编审委员会.广西壮族自治区林业勘测设计院志[M].南宁：广西科学技术出版社，2013.

第 2 章　广西森林资源与生态状况

2.1 森林资源状况

2.1.1 林地面积和活立木蓄积量

根据第九次全国森林资源清查广西森林资源清查成果，广西林地面积 1 629.50 × 10^4 hm^2，占广西土地总面积的 68.58%；森林面积 1 429.65 × 10^4 hm^2，占广西林地面积的 87.74%，森林覆盖率 60.17%。

林地面积中，乔木林地 1 050.10 × 10^4 hm^2，灌木林地 352.65 × 10^4 hm^2，竹林地 36.02 × 10^4 hm^2，疏林地 0.96 × 10^4 hm^2，未成林造林地 72.55 × 10^4 hm^2，迹地 38.90 × 10^4 hm^2，宜林地 78.32 × 10^4 hm^2。

广西活立木总蓄积量 74 433.24 × 10^4 m^3，其中森林蓄积量 67 752.45 × 10^4 m^3，占 91.02%。

2.1.2 公益林和商品林资源

广西生态公益林地面积 564.99 × 10^4 hm^2，占广西林地总面积的 34.67%。其中，国家公益林地 443.91 × 10^4 hm^2，地方公益林地 121.08 × 10^4 hm^2，分别占广西生态公益林地面积的 78.57% 和 21.43%。主要分布在江河源头、江河沿岸、大型水库周围、喀斯特地区、海岸沿线、自然保护区、中越边境沿线等生态区位极其重要和生态状况极端脆弱的区域。

广西商品林地面积 1 064.51 × 10^4 hm^2，占广西林地总面积的 65.33%。其中，经营等级好的林分面积为 315.58 × 10^4 hm^2，经营等级中等的林分面积为 488.59 × 10^4 hm^2，经营等级差的林分面积为 97.47 × 10^4 hm^2，分别占广西商品林地面积为的 29.64%、45.90%、9.16%。

2.1.3 天然林和人工林资源

广西天然林面积 705.72 × 10^4 hm^2，蓄积量 33 243.49 × 10^4 m^3，树种以阔叶林和石山灌木林为主。其中天然起源的森林面积 696.12 × 10^4 hm^2，蓄积量 33 236.33 × 10^4 m^3；天然一般灌木林地面积 9.12 × 10^4 hm^2，天然疏林地面积 0.48 × 10^4 hm^2，蓄积量 7.16 × 10^4 m^3。

广西人工林面积 734.01 × 10^4 hm^2，蓄积量 34 525.57 × 10^4 m^3，树种以杉、松、桉为主。其中人工起源的森林面积 733.53 × 10^4 hm^2，蓄积量 34 516.12 × 10^4 m^3；人工疏林地面

积 0.48×10^4 hm^2，蓄积量 9.45×10^4 m^3。

2.1.4 乔木林资源

广西乔木林面积 1 050.10 × 10^4 hm^2，占广西森林面积的 73.45%，乔木林蓄积量 67 752.45 × 10^4 m^3，占广西活立木总蓄积量的 91.02%。

乔木林林种结构　防护林面积 242.60 × 10^4 hm^2，蓄积量 16 618.97 × 10^4m^3；特用林面积 42.27 × 10^4 hm^2，蓄积量 4 227.75 × 10^4 m^3；用材林面积 709.04 × 10^4 hm^2，蓄积量 44 720.99 × 10^4 m^3；薪炭林面积 1.92 × 10^4 hm^2，蓄积量 32.93 × 10^4 m^3；经济林面积 54.27 × 10^4 hm^2，蓄积量 2 151.81 × 10^4m^3。乔木林林种面积、蓄积量结构分别见图 2–1、图 2–2。

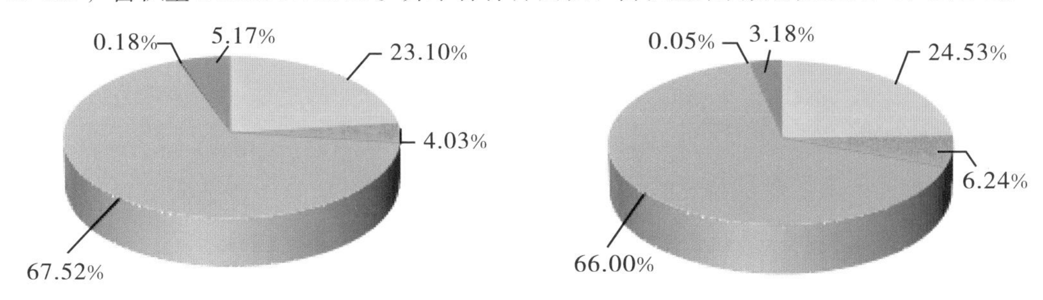

图 2–1　乔木林林种面积结构图

图 2–2　乔木林林种蓄积量结构图

乔木林树种结构　杉木面积 151.34 × 10^4 hm^2，蓄积量 13 015.94 × 10^4 m^3；松树面积 121.53 × 10^4 hm^2，蓄积量 10 222.27 × 10^4 m^3；桉树面积 257.49 × 10^4 hm^2，蓄积量 11 056.65 × 10^4 m^3；其他阔叶树面积 519.74 × 10^4 hm^2，蓄积量 33 457.59 × 10^4 m^3。乔木林树种面积、蓄积量结构分别见图 2–3、图 2–4。

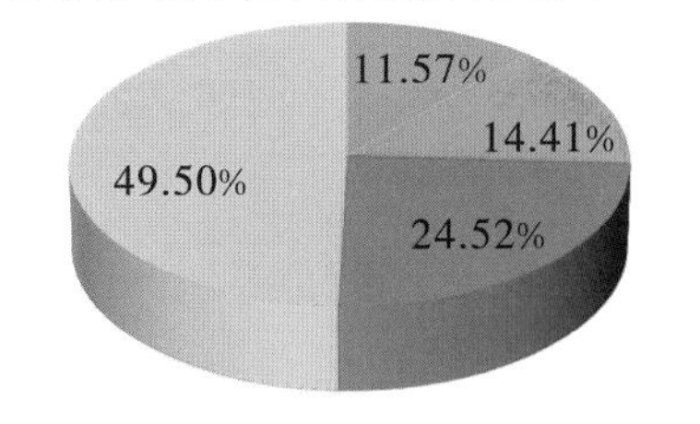

图 2–3　乔木林树种面积结构图

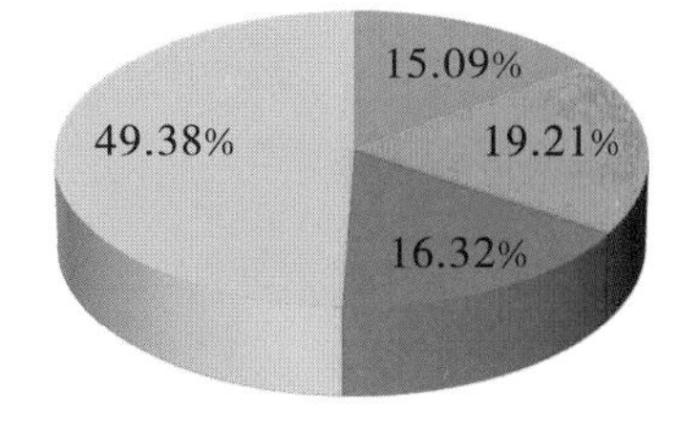

图 2–4　乔木林树种蓄积量结构图

乔木林龄组结构　幼龄林面积 490.48 × 10^4 hm^2，蓄积量 15 845.20 × 10^4 m^3；中龄林面积 381.38 × 10^4 hm^2，蓄积量 30 367.81 × 10^4 m^3；近熟林面积 93.22 × 10^4 hm^2，蓄积量 11 174.87 × 10^4 m^3；成熟林面积 62.46 × 10^4 hm^2，蓄积量 8 406.65 × 10^4 m^3；过熟林面积

$22.56 \times 10^4 hm^2$，蓄积量 1 957.92 × $10^4 m^3$。乔木林龄组面积、蓄积量结构分别见图 2-5、图 2-6。

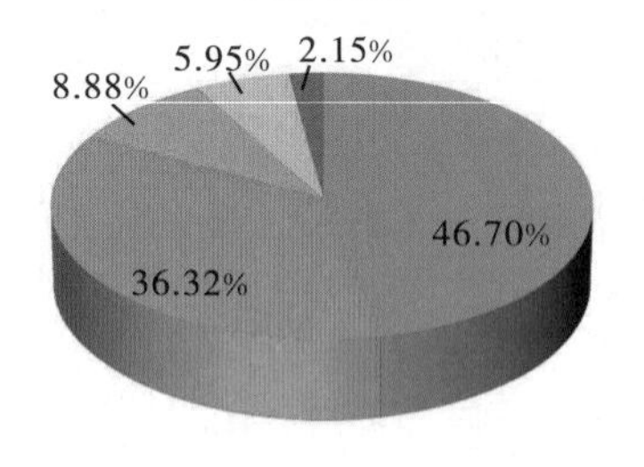

图 2-5　乔木林龄组面积结构图

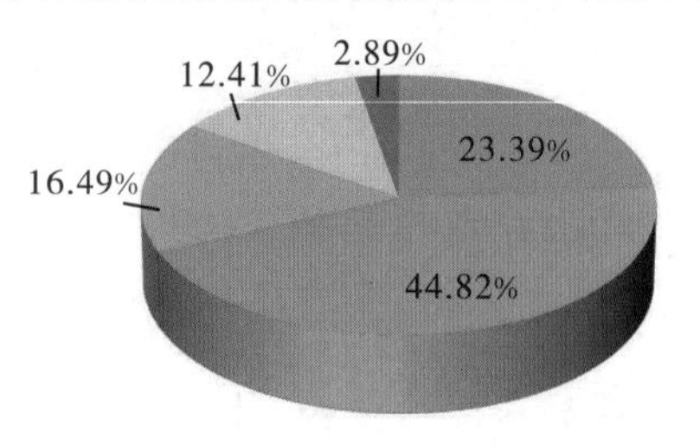

图 2-6　乔木林龄组蓄积量结构图

2.2 森林生态状况

2.2.1 乔木林群落结构

广西乔木林中，具有乔木层、下木层、地被物层 3 个层的完整结构面积 586.05 × $10^4 hm^2$，占广西乔木林总面积的 55.81%；仅有乔木层、下木层或乔木层、地被物层的较完整结构面积 438.59 × $10^4 hm^2$，占广西乔木林总面积的 41.77%；只有单个乔木层简单结构的面积 25.46 × $10^4 hm^2$，占广西乔木林总面积的 2.42%。

2.2.2 乔木林林层结构

广西乔木林中，单层林面积 1 048.17 × $10^4 hm^2$，占广西乔木林总面积的 99.82%；复层林面积 1.93 × $10^4 hm^2$，占广西乔木林总面积的 0.18%。乔木林以单层林为主，复层林面积很少。

2.2.3 森林自然度

森林自然度是反映现实森林类型与地带性原始顶极森林类型的差异程度，或次生森林位于演替中的阶段，从Ⅰ级到Ⅴ级反映出原始森林类型向人工森林类型的过渡，广西自然度Ⅱ级接近原始的天然森林面积仅 0.48 × $10^4 hm^2$，占广西森林总面积的 0.03%；自然度较高的次生林（自然度为Ⅲ级）面积 32.68 × $10^4 hm^2$，占广西森林总面积的 2.29%；残次林和第一代次生林（自然度为Ⅳ级）及各种人工森林类型（自然度为Ⅴ级）面积 1 396.49 × $10^4 hm^2$，占广西森林总面积的 97.68%。由于经营活动频繁，森林自然度等级不高。

2.2.4 森林健康

根据森林生长发育好坏、外观表象特征及受灾程度，将森林划分为健康、亚健康、中健康和不健康 4 个等级。广西健康森林 1 383.05 × 10^4 hm^2，占广西森林总面积的 96.74%；亚健康森林 29.32 × 10^4 hm^2，占广西森林总面积的 2.05%；中健康森林 12.48 × 10^4 hm^2，占广西森林总面积的 0.87%；不健康森林 4.80 × 10^4 hm^2，占广西森林总面积的 0.34%。森林面积的 98% 以上处于健康或亚健康状态，不健康的森林面积很少。

2.2.5 森林灾害

森林灾害类型分病害虫害、火灾、气候灾害（风、雪、水、旱）和其他灾害，森林灾害程度分轻度、中度、重度 3 个等级。广西没有遭受任何灾害的森林面积 1 395.07 × 10^4 hm^2，占广西森林面积的 97.58%；其他 34.58 × 10^4 hm^2 都遭受了不同程度的各种灾害。其中，轻度受害面积 20.66 × 10^4 hm^2，中度受害面积 9.60 × 10^4 hm^2，重度受害面积 4.32 × 10^4 hm^2，分别占受害森林面积的 59.75%、27.76% 和 12.49%。

2.2.6 森林生态功能指数

森林生态功能分好（生态功能指数 0.67 ～ 1.00）、中（生态功能指数 0.40 ～ 0.66）、差（生态功能指数 0.39 以下）3 个等级。广西森林生态功能等级好的面积 37.47 × 10^4 hm^2，占广西森林总面积的 2.62%；中等的面积 1 097.66 × 10^4 hm^2，占广西森林总面积的 76.78%；差的面积 294.52 × 10^4 hm^2，占广西森林总面积的 20.60%。广西综合森林生态功能指数为 0.48，生态功能属于中等偏下水平。

2.3 森林资源分布结构与质量特征

（1）分布特点

受自然地理、气候等因素影响，广西森林资源总体呈现东部、西部、北部多，中部、南部相对较少的分布格局。根据 2019 年广西市县森林覆盖率监测报告，广西 14 个设区市中森林覆盖率大于 70% 以上的 5 个市，分布于桂东（梧州市、贺州市）、桂北（桂林市、河池市）和桂西北（百色市）；小于 50% 的 3 个市，分布于桂南（北海市、南宁市）、桂东南（贵港市）。人工林主要分布在立地条件较好的桂东南、桂南等地区，立地条件较差的喀斯特地貌分布区以天然林为主。

（2）结构特点

广西森林结构总体呈现纯林多、混交林少，人工林多、天然林少，幼中龄林多、成过熟林少的结构特点。广西乔木纯林和乔木相对纯林面积广西森林总面积的 61.21%；北部、西北部乔木林造林树种以杉木为主，中部、东南部、南部以桉树为主，人工林面积广西森林总面积的56.4%；广西乔木林幼中龄林面积与近成过熟林面积比例为83 ： 17，近成过熟林面积偏小。

（3）生态质量

广西健康森林占广西森林总面积的96.74%，森林生态功能等级中等以上的面积占广西森林总面积的79.40%，每公顷森林固碳量4.4 t、释氧量9.4 t、水源涵养量2 918.4 m^3、提供空气负离子9.4×10^{18}个，森林生态效益显著。

（4）林地生产力

广西乔木林每公顷蓄积量为64.5 m^3，其中杉木林每公顷蓄积量为86.0 m^3，松树林每公顷蓄积量为84.1 m^3，桉树林每公顷蓄积量为42.9 m^3，其他阔叶林每公顷蓄积量为64.4 m^3，总体来看林地生产力低于全国平均水平。

参考文献

[1] 国家林业局中南森林资源监测中心，广西壮族自治区林业厅. 第九次全国森林资源清查广西壮族自治区森林资源清查成果[R]. 2016.

[2] 广西壮族自治区林业局 .2019年广西市县森林覆盖率监测报告[R]. 2019.

第3章 监测体系总体设计

3.1 总体思路

针对当前森林资源与生态状况监测存在的主要问题，围绕林业和生态建设的总体需要，遵循监测高效、体系耦合、技术先进的理念，以林业可持续发展理论、林学、生态学理论为指导，以森林数学、抽样技术、信息技术、人工智能、系统仿真等现代技术为手段，以国家森林资源连续清查、森林资源管理“一张图”为基础，整合现有的森林、荒漠化、湿地等专项监测，以及以生态定位观测为主体的生态监测体系，建成森林资源与生态状况综合监测预警体系，实现空间数据的网格化高效管理和应用，客观反映广西森林资源与生态环境发展态势，为制定森林可持续经营以及林业中长期规划提供科学依据。

3.2 监测关键指标

自国民经济和社会发展“十二五”规划编制以来，森林覆盖率和森林蓄积量作为规划的约束性指标，表明我国在应对气候变化、维护生态环境、保障木材安全等方面的重视度进一步加强。根据国家规划实施考核评价要求，需要对森林覆盖率、森林蓄积量年度增长目标完成情况进行考核评价，因此有必要建立以森林资源与生态状况监测成果为主要依据的领导干部任期目标考核指标体系和评价方法，对各级领导干部林业建设任期目标进行有效考核和评价，把森林资源保护管理与政府领导的政绩挂钩，充分发挥地方政府在森林资源保护管理工作中的作用。

关键指标能较全面系统地反映森林生态系统的数量、质量、结构与功能，体现系统性、简洁性、可测性，反映森林生态系统的总体特征和生态管理的宏观要求，具有标志性意义。

森林覆盖率 指有林地面积、国家特别规定灌木林面积之和占土地总面积的百分比。森林覆盖率反映区域森林资源的丰富程度和林地利用状况，通常作为一个区域宏观生态评价指标。

森林蓄积量 反映区域森林资源数量的主要指标，单位面积森林蓄积量的大小是区域森林生产力和质量的主要指标。

林地保有量 一定时期确保实现森林覆盖率等战略目标的最小林地面积。

重点公益林 指分布在生态区位极为重要或生态状况极为脆弱地区，对国土生态安全、生物多样性保护和经济社会可持续发展具有重要作用的重点防护林和特种用途林。

天然林 指天然下种、人工促进天然更新或萌生形成的森林、林木和灌木林，是自然界生物群落最复杂、生物多样性最丰富、结构最稳定、功能最完备的森林生态系统。天然林保有量对维护区域生态平衡具有不可替代的作用。

喀斯特地区乔灌植被 指喀斯特地区的土地利用类型为乔木林或灌木林。喀斯特地区乔灌植被面积保有量对于恢复和重建喀斯特地区生态系统，促进农民增收和地方经济可持续发展具有重要意义，是喀斯特生态系统地表覆盖情况的宏观关键指标。

自然保护地占国土面积的比例 自然保护地是由各级政府依法划定或确认，对重要的自然生态系统、自然遗迹、自然景观及其所承载的自然资源、生态功能和文化价值实施长期保护的陆域或海域，通常包括国家公园、自然保护区、自然公园等。划定自然保护地是世界公认的最有效的自然保护手段之一，该指标的意义在于坚持绿色发展、着力改善生态环境，确保自然保护地在保护自然生态系统、生物多样性、建立生态屏障等方面发挥越来越大的作用。

森林植被碳储量 森林植物通过光合作用固定二氧化碳，森林植被碳储量由乔木层碳储量和灌草层碳储量构成，其变化对陆地生物圈及其他地表过程有着重要的影响，是应对气候变化的重要指标。

森林生态系统服务功能 指森林生态系统与生态过程所形成及维持的人类赖以生存的自然环境条件与效用。森林生态系统服务功能主要包括涵养水源、保育土壤、固碳释氧、积累营养物质、净化大气环境、森林防护、生物多样性保护和森林游憩等。

3.3 监测周期

按照服务政府考评的要求，监测体系应该提高时间分辨率，监测周期为 1 年，主要依据是《关于全面推行林长制的意见》《广西壮族自治区市级林长考核评价办法（试行）》《广西生态服务价值评估方案》《广西森林资源监测监督管理暂行办法》《国家级公益林管理办法》。

①《关于全面推行林长制的意见》要求各级林长组织领导责任区域森林草原资源保护发展工作，落实保护发展森林草原资源目标责任制，将森林覆盖率、森林蓄积量、草原综合植被盖度、沙化土地治理面积等作为重要指标，因地制宜确定目标任务，每年公布森林草原资源保护发展情况。

②《广西壮族自治区市级林长考核评价办法（试行）》要求各设区市林长对照考核内容开展自查自评，于次年 2 月 15 日前将自评情况及相关佐证材料报自治区总林长办公室。

③《广西生态服务价值评估方案》要求广西生态服务价值评估工作按年度进行。从 2017 年开始实施，每年开展一次评估，形成评估报告，报经自治区人民政府批准后对外发布。各相关部门必须按要求完成各项工作。

④《广西森林资源监测监督管理暂行办法》要求每年初应完成上年度森林资源监测监督工作情况的汇总，编制年度广西森林资源状况公报，每年 4 月底前向社会公报。

⑤《国家级公益林管理办法》规定县级林业主管部门和国有林业局（场）、自然保护区、森林公园等森林经营单位，应当组织开展国家级公益林年度变化情况调查；省级林业主管部门应当于每年 3 月 31 日前将上年度国家级公益林管理情况、资源变化统计表、更新后的国家级公益林基础信息数据库，一并上报国家林业局（现国家林业和草原局）。

3.4 技术方案与要点

围绕体系建设总体思路，实现广西在空间上全域监测，在时间上季度遥感监测、年度出数，在管理层级上实现自治区 - 市 - 县资源数据协调统一；在监测内容上实现森林资源监测监督与生态状况耦合、以林班为单元的森林资源网格化管理，全面提高对森林资源、生态状况的综合监控水平，实现林业治理体系和治理能力现代化。广西森林资源与生态状况监测技术体系见图 3-1。

3.4.1 总体蓄积控制

（1）广西总体蓄积控制

以最新一次森林资源连续清查样地与样木数据为基础，获取样地坐标，将样地位置叠加到遥感影像图上，判读连续清查样地地类数据是否发生变化，以预估的总体蓄积作为森林资源管理“一张图”数据的控制数。①当地类变为采伐迹地时，类型是“皆伐”，则样地蓄积量归为零值。②当地类没有发生变化时，则分区域、树种，以胸径为自变量建立年龄隐含生长模型进行样地数据更新。③虽然地类没有变化，但采伐类型是“间伐”或“择伐”的样地，结合森林经营档案、植被指数、枯损模型，或者利用森林资源清查消耗数据构建空间插值面，获取消耗量进行样地数据更新。④实地抽查与核实部分样地。⑤通过抽样统计的方法，估计总蓄积量。

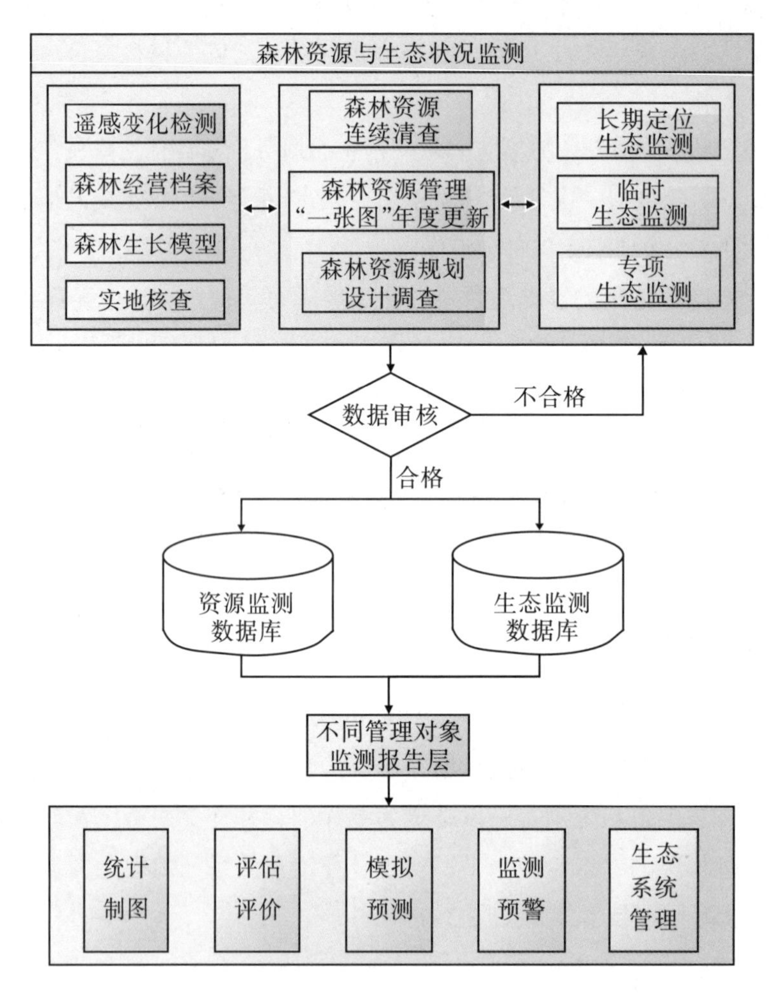

图 3–1　广西森林资源与生态状况监测技术体系

（2）市县总体蓄积控制

采用优化样地数量的角规控制检尺的方法进行总体蓄积控制，这种方法能以较少的人力、物力、财力和较短的时间，及时准确地掌握森林资源总蓄积量，可以解释森林资源消长变化的净增量和消长变化的原因，并给予实事求是的分析评价，是一种检查森林经营效果的有效手段，已经在广西森林资源监测得到印证。相关研究表明，以广西第七次森林资源连续清查为例，角规样地与方形样地的蓄积量调查结果尽管存在差异，但也仅相差 3.16%，角规样地体系和方形样地体系活立木总蓄积量抽样精度分别为 94.47% 与 94.57%，均达到国家森林资源连续清查技术规定要求。

3.4.2 “一张图”数据年度更新

以森林资源管理“一张图”数据为基础，结合近期森林资源规划设计调查成果，利用变化图斑检测核实成果、市县森林覆盖率年度监测成果、区域森林资源宏观监测结果等多源数据，综合采用数学建模、机器学习、空间运算、地统计分析等方法，更新森林资源管理“一张图”。

3.4.3 自治区 – 市 – 县蓄积逐级控制

基于县级森林蓄积控制样地优化方法、自治区级森林总体蓄积控制指标等多项森林资源数据，综合利用随机森林反演模型、相似森林类型估测算法、反馈调节等多种方法，对更新后的数据进行自上而下的自治区 – 市 – 县逐级控制。

3.4.4 生态状况联网监测布局

以现代生态学理论为指导，以平均气温、降水、植被类型、优势树种、土壤、地形地貌为分区指标，采用区划叠置法和空间聚类分析法，对广西进行生态地理分区，从经向和纬向变化科学布设监测站点。建立联网观测和数据共享机制，科学监测生态系统服务功能参数。

3.4.5 森林资源与生态状况数据耦合

结合不同生态因子，采用抽样统计、点面转化、关联分析的耦合方法，主要将生态因子由离散数据转化为具有空间统一坐标的连续面状数据，部分监测指标采用抽样统计进行尺度转化。

3.5 主要技术标准

本研究主要参照的技术标准包括：

《森林资源连续清查技术规程》（GB/T 38590—2020）；

《森林资源规划设计调查技术规程》（GB/T 26424—2010）；

《土地利用现状分类》（GB/T 21010—2017）；

《林地变更调查技术规程》（LY/T 2893—2017）；

《林地保护利用规划林地落界技术规程》（LY/T 1955—2011）；

《森林生态系统长期定位观测方法》（GB/T 33027—2016）；

《森林生态系统长期定位观测指标体系》（GB/T 35377—2017）；

《森林生态系统服务功能评估规范》（GB/T 38582—2020）；

《森林生态系统长期定位观测研究站建设规范》（GB/T 40053—2021）。

3.6 主要技术方法

技术方法是科学研究的重要基础。本研究涉及的主要技术方法包括信息技术、模型技术、抽样技术、定位监测技术等，分述如下。

3.6.1 信息技术

信息技术主要指信息的获取、传递、处理等技术。林业信息技术的具体内涵则是建立在学科的基础上，以数学、地学、计算机为技术支撑，以林业生产经营活动、资源环境及其相关的社会经济信息为对象，应用现代信息技术进行森林资源信息采集、数据处理、数据存储传输等，为林业经营管理提供基础信息和辅助决策支持。

遥感技术　遥感是指在远距离空间平台上，利用可见光、红外线、微波、雷达等探测仪器，通过摄影或扫描、信息感应、传输、地面接收处理，从而识别地面物质的性质和运动状态的地空复合技术系统。卫星遥感技术应用于森林资源调查的优点是覆盖面广、宏观性强、信息获取周期短，特别是空间高分辨率的卫星，可以准确获取图斑的边界，判读图斑属性，有效减轻野外调查劳动强度，提高区划和调查的准确性。

地理信息系统技术　地理信息系统是以地理空间数据库为基础，在计算机软件、硬件环境的支持下，对空间数据进行采集、存储、检索、分析和显示，并采用地理模型分析方法，适时提供多种空间和动态的地理信息，为地理研究、综合评价、管理、定量分析和决策服务而建立起的计算机应用系统。它把地理位置与相关属性有机结合，满足用户对空间信息的需求。

全球定位技术　利用地球上空的通信卫星和地面上的接收系统而形成全球范围的定位，具有全球性、全天候的导航、定时、测速功能，较常规测量手段具有无可比拟的优越性。全球定位技术应用于森林资源调查的优点是可野外定位与导航，以及与遥感技术相结合进行精确定位和几何校正，获取信息。特别是在森林资源连续清查中，通过在公里网上布设固定样地时，为了不造成样地的特殊对待，样地的布设非常隐蔽，因此样地的复位也是最困难的工作，引进定位技术，将给野外调查样地复位带来极大的方便。但在地形较复杂的山区，林分郁闭度较大、林下信号比较差的地方，样地调查仍存在较大的定位误差。

数据库技术　数据库是以一定组织方式存储在一起的相关数据集合，数据库的管理技术则是管理信息系统，森林资源管理调查结果具有庞大的数据，需要使用有效的数据结构来组织和管理，这就涉及森林资源管理信息系统的领域。

并行算法　指同时使用多种计算资源解决计算问题的过程，是提高计算机系统计算速度和处理能力的一种有效手段。由于需要处理大量的影像数据，为充分利用计算资源，尽可能以自动处理替代人工操作，需要开发一套既能兼顾各类数据处理任务，又易于移植扩展的计算平台。

人工智能　人工智能是计算机领域的分支，近年来发展迅速，并得到广泛应用，例如深度学习能处理多种类型的数据，并从中提取数据特征，具有传统经典方法不可比拟的优势。本研究主要探索神经网络技术、机器学习等在森林资源遥感图像模式识别、非线性模型建立方面的应用。

物联网　物联网是通过网络连接物理对象，基于独立地址进行识别和信息交互的承载体。网络中的各类信息传感设备能在任何时间与任何地点接入的人、终端、设备之间互联互通，能够实现对物品的实时智能化识别、跟踪、定位、监控及管理。物联网通常包括感知、传输、应用三大部分，在林木生长监测、生态状况监测方面广泛应用。可在森林经营单位中设置气象、土壤等各种传感器、摄像监控、无线网络以及电源驱动，实现物联网、人工智能、大数据、可视化系统有机融合。

3.6.2 模型技术

信息获取的目的是提供辅助决策，而这一高级功能的实现依赖于模型的应用。数学模型就是采用数学的方法，描述系统各部分变量之间的关系，描述系统的性质、功能、状态、表现、目的以及系统与其他外部环境之间的关系，并用数学的形式表达它们。数学模型表示和反映了客观事物的规律，反映对它们的机理认识，在一定范围内具有普遍的指导意义。在森林资源调查、监测与管理中，涉及许多模型技术，如森林资源预测、监测、评价、预警模型等。

3.6.3 抽样技术

抽样技术是从总体中随机抽取一部分单位作为样本进行调查，并根据样本资料来推断总体数量特征的一种非全面调查方式。通常具有以下特点：调查工作量小，调查效率高；一般以总体为单位产出数据；总体估计数据具有一定的抽样精度；能产出较高精度的动态变化数据。符合优良估计标准（无偏、一致、有效）的条件下，规定的约束条件下（精度、时间、人力），费用最低是最优抽样方案。但现实中，能够以较少的样本比较准确估计总体，抽样效率高，结果符合森林资源的特点、分布，就是比较好的抽样方案。概率抽样根据抽样方法的不同可分为简单随机抽样、系统抽样、分层抽样、成数抽样、整群抽样等。

3.6.4 定位监测技术

森林生态系统研究是一个复杂、广袤的空间，无论在时间尺度还是空间尺度，都处于不断变化状态，仅仅依靠经验或者其他手段获得的片段数据，很难获得不同森林变化的机理。开展长期、定位、连续监测，从水、土、气、生物等方面多要素联网监测生态系统结构与功能，可以在更深层次认识森林动态演变过程，了解森林的作用与功能。

3.7 主要研究内容

①研究森林资源连续清查与森林资源管理“一张图”的有机耦合，通过优化森林资源调查抽样控制、监测数据反演模拟与分项控制，实现自治区－市－县数据协调统一、年度出数。

②开展主要树种单木生长过程、林分因子更新模型研究，为数据更新、森林经营模拟提供数学模型。

③开展广西生态定位观测宏观布局研究，探索生态联网监测技术，构建广西生态监测体系。

④开展森林资源与生态状况数据耦合研究，构建与广西森林资源特点相适应的森林资源与生态状况综合监测、评价和预警系统。

⑤研究解决森林资源与生态监测野外信息采集技术，提高数据采集的准确性、标准化，实现数据的实时传输与管理，以及数据的共享。探索物联网、人工智能、高精度定位等技术在资源与环境中的应用。

参考文献

[1] 国家林业局 . 林业发展“十三五”规划 [R]. 2016.

[2] 广西壮族自治区林业勘测设计院，等 . 广西森林资源现状和动态的调查研究：1975—1985[R].1987.

[3] 岑巨延，李巧玉，曾伟生，等 . 广西森林资源连续清查角规样地体系评价 [J]. 中南林业调查规划，2007（3）：8-13.

[4] 白光润 . 地理学导论 [M]. 北京：高等教育出版社，1993.

[5] 刘陈，景兴红，董钢．浅谈物联网的技术特点及其广泛应用 [J]. 科学咨询，2011（9）：86-86.
[6] 贾益刚．物联网技术在环境监测和预警中的应用研究 [J]. 上海建设科技，2010（6）：65-67.
[7] 中共中央办公厅，国务院办公厅．关于建立以国家公园为主体的自然保护地体系的指导意见 [Z]. 2019.
[8] 中共中央办公厅，国务院办公厅．关于全面推行林长制的意见 [Z]. 2021.
[9] 广西壮族自治区党委办公厅，广西壮族自治区人民政府办公厅．关于全面推行林长制的实施意见 [Z]. 2021.
[10] 广西壮族自治区人民政府办公厅．广西生态服务价值评估方案 [Z]. 2016.

第 4 章　森林资源监测技术研究

4.1 基于森林资源连续清查的宏观指标监测

4.1.1 蓄积量监测

（1）抽样数量优化

以广西第九次森林资源连续清查数据为基础，模拟从 500 个样地开始，随机抽样 3 次，然后每次增加 100 个，直至样本单元数到 4 000 个，每次模拟计算统计特征数。广西森林资源连续清查样本单元数与抽样精度关系图见图 4–1，从图中可以看到，随着抽样样本数量的增加，抽样精度逐步提高，当样本数量达到 1 550 个时，蓄积量抽样精度接近 92%。

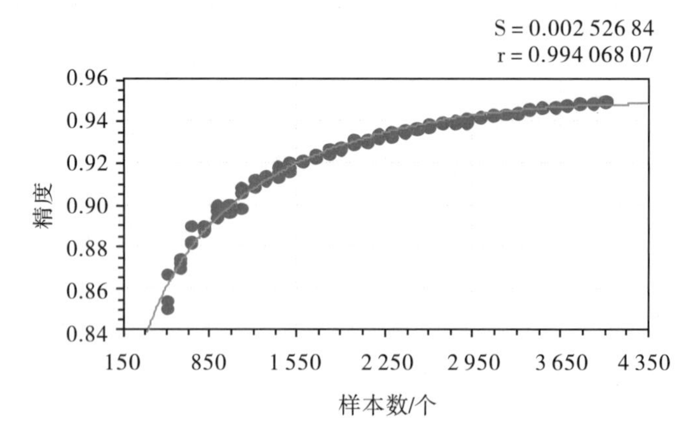

图 4–1　广西森林资源连续清查样本单元数与抽样精度关系图

图 4–1 反映了 2015 年森林资源背景值下，以 Hoerl 模型建立抽样精度 P 与样本单元数 n 的关系：

$$P = c_1 \times c_2^n \times n^{c_3} \qquad \text{式4–1–1}$$

模型参数：c_1=0.555 731；c_2=0.999 981；c_3=0.072 187。

模拟不同样本单元数估计总蓄积量关系图见图 4–2。由图 4–2 可以看到，随着抽样样本数量的增加，抽样精度提高，估计的总蓄积量逐步趋于接近，当样本量达到 1 850 个时，12 次随机模拟估计的总蓄积量为 $7.29 \times 10^8 \sim 7.77 \times 10^8\ m^3$，与广西第九次森林资源连续清查估计的总蓄积量 7.44×10^8 m^3 比较接近。

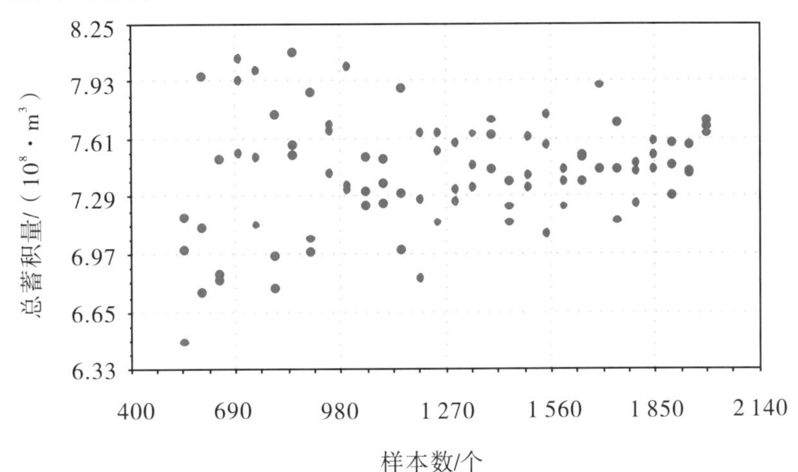

图 4-2　模拟不同样本单元数估计总蓄积量关系图

根据图 4-1 与图 4-2，如果采用随机抽样或系统抽样宏观估计广西森林蓄积量，建议抽样样本数量不少于 1 800 个，这样可以保证抽样精度达到 92%，总蓄积量估计值比较稳定。

（2）抽样模拟方案

以第九次森林资源连续清查样地为依据，每隔 3 个抽 1 个，样本数量为 1 648 个，假定起始点分别为 1、2、3，形成 3 个抽样方案，计算特征数。年度森林蓄积量宏观监测模拟抽样表见表 4-1。

表 4-1　年度森林蓄积量宏观监测模拟抽样表

起始点	类型	样本数 / 个	平均数 /（$m^3 \cdot hm^{-2}$）	总蓄积量 /（$10^8 \cdot m^3$）	标准差 /（$m^3 \cdot hm^{-2}$）	标准误	绝对误差	相对误差	精度	最小值 /（$10^8 \cdot m^3$）	最大值 /（$10^8 \cdot m^3$）
1	总蓄积量	1 648	32.5	7.71	50.2	1.236 1	2.42	0.074 7	0.925 3	7.14	8.29
	公益林区	365	8.3	1.96	28.9	0.711 5	1.39	0.168 7	0.831 3	1.63	2.30
	天然林区	432	10.7	2.55	32.3	0.795 9	1.56	0.145 4	0.854 6	2.18	2.92

续表

起始点	类型	样本数/个	平均数/($m^3 \cdot hm^{-2}$)	总蓄积量/($10^8 \cdot m^3$)	标准差/($m^3 \cdot hm^{-2}$)	标准误	绝对误差	相对误差	精度	最小值/($10^8 \cdot m^3$)	最大值/($10^8 \cdot m^3$)
2	总蓄积量	1 648	30.5	7.24	48.8	1.202 2	2.36	0.077 4	0.922 6	6.68	7.80
	公益林区	347	8.3	1.97	28.7	0.706 7	1.39	0.167 1	0.832 9	1.64	2.30
	天然林区	430	11.1	2.64	32.8	0.806 8	1.58	0.142 6	0.857 4	2.26	3.01
3	总蓄积量	1 648	31.3	7.44	49.0	1.206 8	2.37	0.075 5	0.924 5	6.88	8.01
	公益林区	387	9.3	2.21	31.0	0.764 3	1.50	0.161 1	0.838 9	1.85	2.56
	天然林区	468	11.8	2.79	34.1	0.839 0	1.64	0.139 8	0.860 2	2.40	3.19

第九次森林资源连续清查总蓄积量估计中值为 $7.44 \times 10^8 m^3$，区间为 $7.12 \times 10^8 \sim 7.76 \times 10^8 m^3$。方案 1：起始点为 1，总蓄积量估计中值为 $7.71 \times 10^8 m^3$，与第九次森林资源连续清查相比，多 $0.27 \times 10^8 m^3$。方案 2：起始点为 2，总蓄积量估计中值为 $7.24 \times 10^8 m^3$，与第九次森林资源连续清查相比，少 $0.20 \times 10^8 m^3$。方案 3：起始点为 3，总蓄积量估计中值为 $7.44 \times 10^8 m^3$，与第九次森林资源连续清查相一致。

从上表可以看到，公益林区、天然林区的蓄积量抽样精度在 85% 左右，假如把涉及自然保护区的样地全部调查，并单独作为一个群进行估计，可以实现一查多用，解决公益林区、天然林区、自然保护区的年度蓄积量监测难题。

（3）抽样调查实证

2020 年，以森林资源连续清查样地为基础，采用"隔三取一"的方法抽取 1 648 个样地，以样地中心桩为中心，采用角规控制检尺方法进行调查，角规断面积系数为 1。蓄积量采用简单随机抽样公式计算，样点的公顷蓄积量采用一元材积表计算。2020 年角规控制检尺抽样调查结果见表 4–2。

表 4–2　2020 年角规控制检尺抽样调查结果表

样本数 / 个	平均数 /（$m^3 \cdot hm^{-2}$）	总蓄积量 /（$10^8 \cdot m^3$）	标准差 /（$m^3 \cdot hm^{-2}$）	标准误	绝对误差	相对误差	精度	最小值 /（$10^8 \cdot m^3$）	最大值 /（$10^8 \cdot m^3$）
1 648	40.0	9.50	60.4	1.487 3	2.92	0.072 9	0.927 1	8.80	10.19

4.1.2 多管理对象的面积监测

该类指标通过用样本面积成数估计总体成数的抽样调查方法，主要用于各类土地面积调查与控制。所谓的样本成数，是指从含有 N 个单元的总体中，随机抽取 n 个单元组成样本，其中具有某种特点的 m 个单元与样本单元数 n 之比。基于空间面积成数抽样的多目标监测，借助于森林资源清查体系，可以实现同一样本，多管理对象监测，节约人力与资金。基于成数抽样的多目标监测空间抽样示意图见图 4–3。

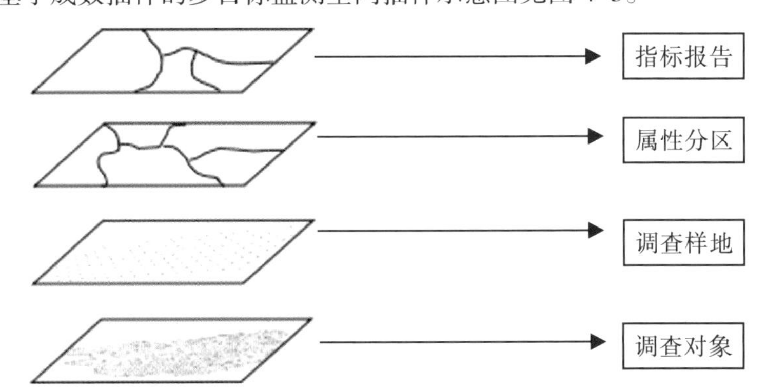

图 4–3　基于成数抽样的多目标监测空间抽样示意图

成数抽样估计算法如下：

（1）各类样本的估计值

$$A_i = A \times P_i = A \times \frac{m_i}{n} \qquad \text{式 4–1–2}$$

式中，A_i 为 i 类面积的估计值，A 为总体面积，P_i 为第 i 类样本的成数，m_i 为第 i 类的样本数量，n 为抽取的样本总数。

（2）成数估计值的误差限

$$\Delta(P_i) = t \times \sqrt{\frac{P_i \times (1 - P_i)}{n - 1}} \qquad \text{式 4–1–3}$$

式中，$\Delta(P_i)$ 为第 i 类样本估计值的误差限，t 为可靠性指标。

（3）各类面积的误差限

$$\Delta(A_i) = A \times \Delta(P_i) \quad \text{式 4-1-4}$$

$$E(A_i) = \frac{\Delta(A_i)}{A_i} \quad \text{式 4-1-5}$$

式中，$\Delta(A_i)$ 为第 i 类样本估计值的绝对误差限，$E(A_i)$ 为第 i 类样本估计值的相对误差限。

（4）各类面积的估计精度

$$P_{ci} = 1 - E(A_i) \quad \text{式 4-1-6}$$

式中，P_{ci} 为第 i 类面积的估计精度。

例如：对纳入森林资源与生态状况关键指标的森林覆盖率、林地保有量、公益林面积保有量、天然林面积保有量、喀斯特地区乔灌植被保有量、自然保护地占国土面积的比例等指标的监测，可以通过遥感技术对森林资源连续清查样地进行判读，对不能准确判读的地类进行实地核查。按以下公式计算：

森林覆盖率 =（有林地样地数 + 国家特殊灌木林样地数）/ 总样地数　　式 4-1-7

林地保有量 = 林地样地数 / 总样地数 × 区域总面积　　式 4-1-8

公益林面积保有量 = 公益林样地数 / 总样地数 × 区域总面积　　式 4-1-9

天然林面积保有量 = 天然林样地数 / 总样地数 × 区域总面积　　式 4-1-10

喀斯特地区乔灌植被保有量 =（喀斯特乔木林样地数 + 喀斯特灌木林样地数）/ 总样地数 × 区域总面积　　式 4-1-11

自然保护地占国土面积的比例 = 自然保护地样地数 / 总样地数　　式 4-1-12

以 2015 年数据为例，可以看到基于森林资源连续清查的各类重要监测对象，只要面积成数在 10% 以上，精度可达到 90% 以上。2015 年广西各类监测对象面积保有量特征数计算表见表 4-3。

表 4-3　2015 年广西各类监测对象面积保有量特征数计算表

序号	类别	样地数 / 个	成数	估计值 / （$10^4 \cdot hm^2$）	标准差	标准误	绝对误差	相对误差	精度	估计值下限 / （$10^4 \cdot hm^2$）	估计值上限 / （$10^4 \cdot hm^2$）
1	林业用地	3 392	0.686	1 629.48	0.464	0.006 6	3 074.1	0.019	0.981	1 598.74	1 660.22
2	森林	2 976	0.602	1 429.64	0.490	0.007 0	3 242.0	0.023	0.977	1 397.22	1 462.06
3	公益林地	1 099	0.222	527.95	0.416	0.005 9	2 753.1	0.052	0.948	500.42	555.48

续表

序号	类别	样地数 / 个	成数	估计值 / （$10^4 \cdot hm^2$）	标准差	标准误	绝对误差	相对误差	精度	估计值下限 / （$10^4 \cdot hm^2$）	估计值上限 / （$10^4 \cdot hm^2$）
4	公益林	979	0.198	470.30	0.399	0.005 7	2 638.7	0.056	0.944	443.91	496.69
5	天然林	1 471	0.297	706.65	0.457	0.006 5	3 027.3	0.043	0.957	676.38	736.92
6	喀斯特地区	849	0.172	407.85	0.377	0.005 4	2 497.2	0.061	0.939	382.88	432.82
7	喀斯特地区乔灌植被	660	0.133	317.06	0.340	0.004 8	2 252.0	0.071	0.929	294.54	339.58
8	保护区	242	0.049	116.25	0.216	0.003 1	1 428.6	0.123	0.877	101.97	130.54
9	保护区森林	210	0.042	100.88	0.202	0.002 9	1 335.3	0.132	0.868	87.53	114.24

注：广西自然保护地尚未完全落界，表中以保护区为例进行计算。

4.2 基于森林资源管理“一张图”年度更新

2010 年 7 月，国务院批复《全国林地保护利用规划纲要（2010—2020 年）》，同时全国开展林地“一张图”建设并按年度变更，工作要求调查并监测森林资源现状及动态消长情况，及时发现破坏森林资源行为，为林业资源经营管理提供重要依据。多年来，在“3S”、互联网、云计算等诸多技术的驱动下，“一张图”对实现森林资源的精准化、科学化管理具有积极作用。但是，诸多客观条件的限制，往往造成“一张图”数据更新不及时、无法如期上报等情况，给国家级、省级数据汇总工作带来诸多困难。迟迟无法统计年度森林资源状况及动态变化情况，大幅降低了数据的时效性与现势性。

2020 年，广西根据《广西森林资源监测监管暂行办法》的要求，在全国率先开展全域高分遥感变化图斑季度监测，利用变化图斑监测结果，结合国家林业和草原局开展的森林资源年度监测评价试点、市县森林覆盖率年度监测等工作成果，更新森林资源管理“一张图”，最后结合抽样控制调查数据，对更新后的数据进行自治区 - 市 - 县多级控制，实现了森林资源数据的快速更新。

4.2.1 市（县）森林蓄积量抽样控制

森林资源连续清查以广西为抽样总体构建，样地数量要求满足自治区级的总体抽样精度。但是，监测成果只体现了广西的森林资源总体状况，无法满足地方森林资源监测监管的要求，因此本研究基于现有的森林资源连续清查体系，探索市（县）森林资源监测体系的构建。目前，广西以县为单位已布设森林覆盖率遥感监测样地21.8万个，可以利用其中部分样地进行蓄积量抽样控制。广西各市森林覆盖率遥感监测样地数量一览表见表4–4。

表4–4　广西各市森林覆盖率遥感监测样地数量一览表

城市	样点数 / 个	城市	样点数 / 个	城市	样点数 / 个
南宁市	26 238	防城港市	7 472	贺州市	8 318
柳州市	15 059	钦州市	9 776	河池市	24 298
桂林市	25 571	贵港市	11 792	来宾市	11 774
梧州市	13 463	玉林市	13 673	崇左市	18 028
北海市	6 961	百色市	25 828	合计	218 251

研究首先利用系统抽样的方法，初步确定目标区域应布设样地数量，以森林资源管理“一张图”为数据基础，通过模拟抽样调查，计算抽样结果，在保证精度的前提下，逐步优化样地数量，提高工作效率。森林蓄积量监测抽样优化算法流程见图4–4。

①若有近期调查成果，则根据成果数据确定调查范围内全部小班单位面积蓄积量的标准差（δ）、单位面积蓄积量的算术平均值（$\overline{x}$），求算变异系数（C），计算公式如下：

$$C = \frac{\delta}{\overline{x}} \qquad \text{式4–2–1}$$

若无近期调查成果，则以现有资料结合实地踏查、试抽样初步估计单位面积平均蓄积量（$\overline{y}$）、单位面积最大蓄积量（$V_{\max}$）以及单位面积最小蓄积量（$V_{\min}$），根据经验公式，估计C值，算法如下：

$$C = \frac{V_{\max} - V_{\min}}{6\overline{y}} \qquad \text{式4–2–2}$$

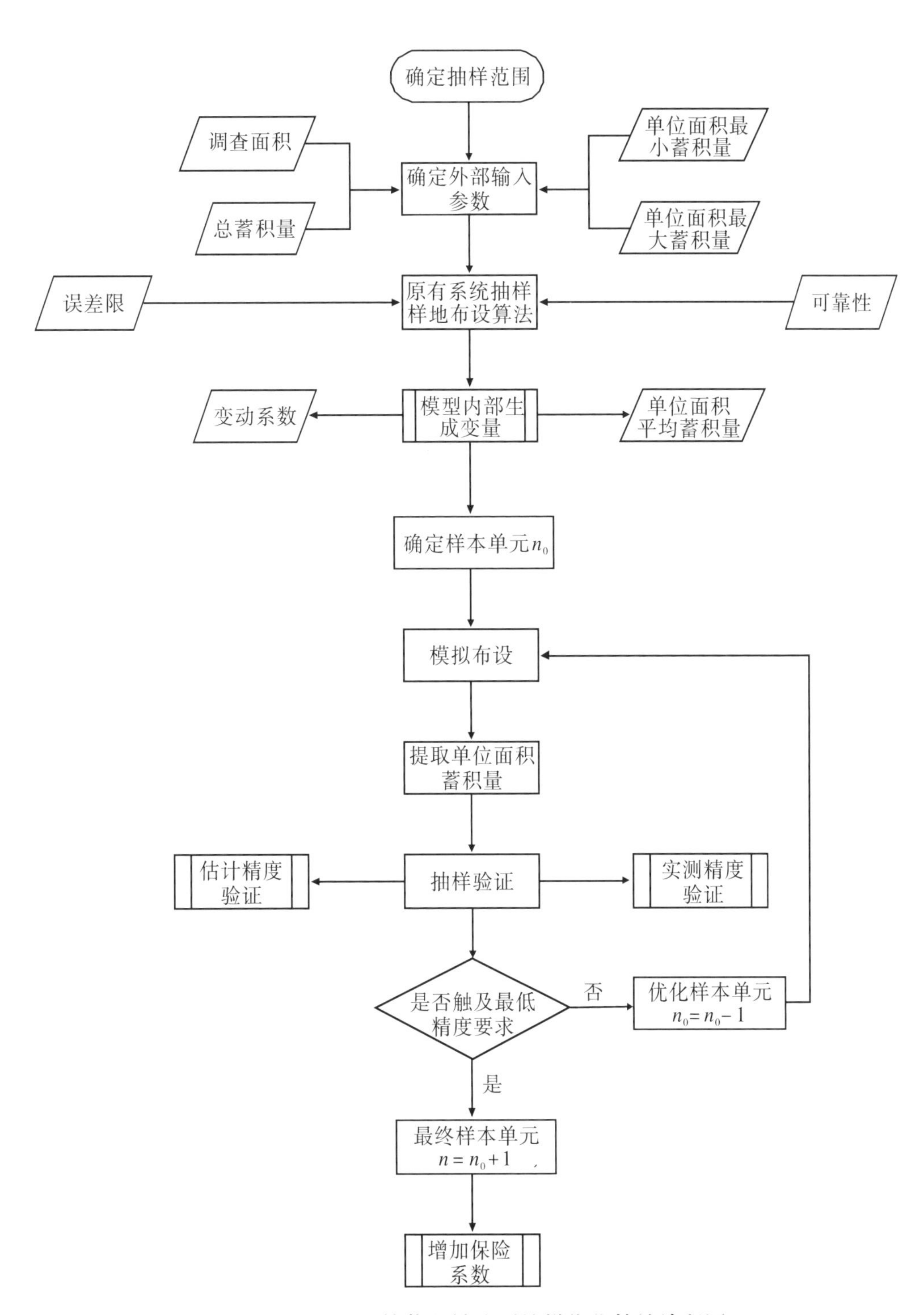

图 4-4　森林蓄积量监测抽样优化算法流程图

②确定抽样可靠性指标（P）及允许误差限（E）。根据 C、P、E 初步确定应抽取的理论样本单元数（n_0）。

$$N = \left(\frac{P \times C}{E} \right)^2 \qquad \text{式 4–2–3}$$

③根据理论样本单元数（n_0），调查面积（S），确定样本单元之间的距离（L），并在调查范围内布设样点。因为调查区域形状不规则，所以实际布设样本单元数与理论样本单元数（n_0）可能存在一定偏差。

④根据样点与近期调查成果中小班面的空间位置关系，将蓄积属性传入布设的样点中，获得实测模拟数据。计算抽样估计精度（P_1）及估计中值（V_{mid}），利用估计中值（V_{mid}）与近期调查成果计算验证精度（P_2），对 P_1 与 P_2 按需要赋权（O_1，O_2）得到综合精度指标（P_r）。

$$P_r = \frac{O_1 \times P_1 + O_2 \times P_2}{O_1 + O_2} \qquad \text{式 4–2–4}$$

⑤判断精度指标 P_r 是否符合预期要求，若符合，则逐步减少样本单元，重复步骤③④⑤，直至 P_r 逼近且大于等于要求精度为止；若不符合，则逐步增加样本单元，重复步骤③④⑤，直至 P_r 逼近且大于等于要求精度为止。

⑥由于优化样本数（n）为预估值，应在实施调查方案过程中，增加保险系数（k），以保证达到规定的精度指标，如式 4–2–5 所示：

$$n = n_0 \times (1 + k) \qquad \text{式 4–2–5}$$

研究以广西某县为例，基于广西第五次森林资源规划设计调查成果，利用上述方法进行抽样、模拟、估计、验证。根据调查成果可知，该县活立木总蓄积量 $441.28 \times 10^4\ m^3$，总面积 $7.23 \times 10^4\ hm^2$，要求抽样可靠性达到 95%，允许误差限 10%。根据上述方法计算应布设理论样本单元数 1 358 个，实际布设样本数 1 350 个，以等权方式构建综合误差，逐步优化布设样本单元数，得到估计误差、验证误差、综合误差随布设样本单元数的变化趋势。误差随布设样本单元数的变化趋势见图 4–5。

图 4–5 中，各误差随着样点数的增多而减少，估计误差波动幅度较小，验证误差波动幅度较大。若以估计精度为综合精度评价指标，当理论样本单元数为 934，布设样本单元数为 932 时，估计精度降为 89.86%，此时应选择 933 为布设样本单元数，估计精度为 90.44%，符合要求，相比原始布设样本单元数（1 350 个）减少 417 个，减少近 31%；若共同使用验证精度、估计精度构建综合精度评价指标，则可进一步减少样地数量，降低工作成本，提高工作效率。

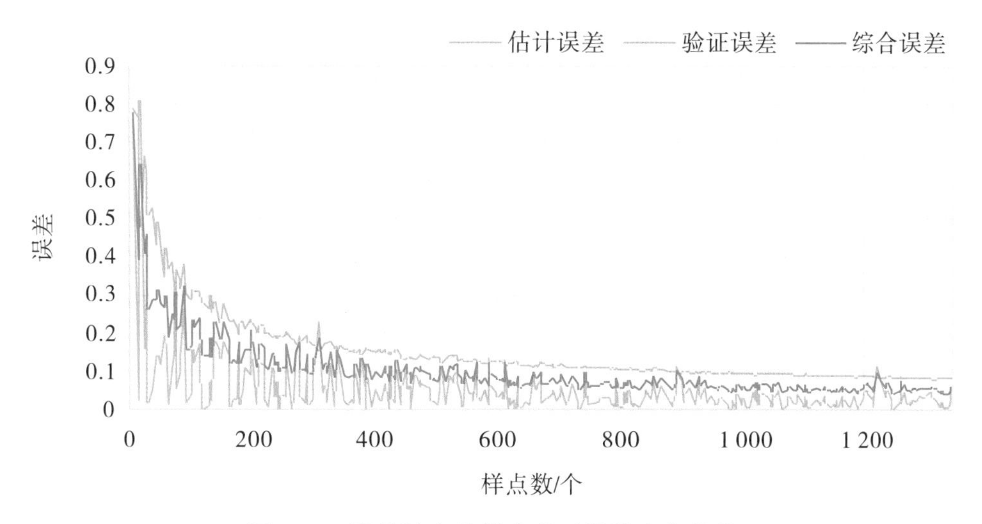

图 4-5　误差随布设样本单元数的变化趋势

4.2.2 森林资源规划设计调查与“一张图”数据融合

研究以森林资源管理“一张图”中的林班为控制单元，将森林资源规划设计调查的林分因子属性传递至“一张图”，以蓄积量为例，方法如下：

①将“一张图”数据与森林资源规划设计调查数据进行空间运算，求每个二类小班与“一张图”小班的相交结果，并重新计算各个相交小班的面积，叠加分析示意见图 4-6。如图 4-6 所示：{1，2，3，4} 为二类小班，Y 为“一张图”小班，空间运算结果为 $\{Y_1, Y_2, Y_3, Y_4\}$，每个结果图斑 Y_i 的面积为 S_i，单位面积蓄积量为 V_i。

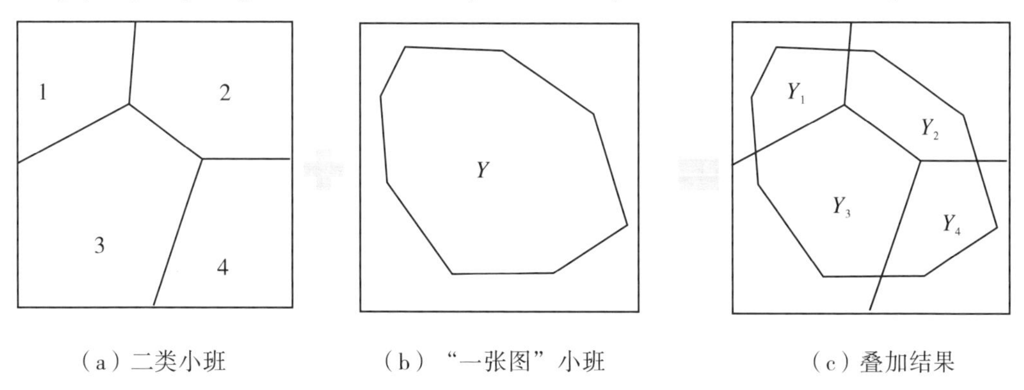

（a）二类小班　（b）“一张图”小班　（c）叠加结果

图 4-6　叠加分析示意图

②求算每个结果图斑的蓄积量 M_i 并求和，作为“一张图”小班 Y 的蓄积量（M），如式 4-2-6 所示：

$$M=\sum_{i=1}^{4} M_i=\sum_{i=1}^{4} S_i \times V_i \qquad 式 4\text{-}2\text{-}6$$

③以林班为控制单元，对其中的小班分情况进行蓄积量平差控制，消除异常值。可能出现的异常情况主要分为逻辑错误和数值异常两种类型，如图 4-7 所示。平差后在同一控制单元内二类小班的总蓄积量与传递后“一张图”小班的总蓄积量基本一致。

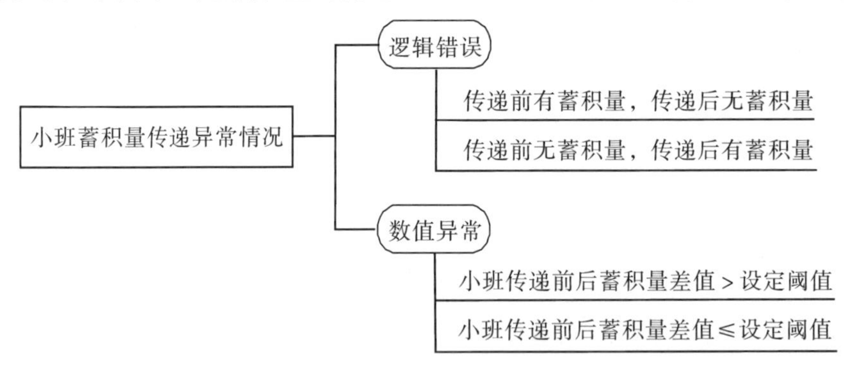

图 4-7　蓄积量传递异常类型

4.2.3 主要树种林木（分）生长规律研究

4.2.3.1 林木生长过程研究

森林资源是可再生的资源，森林生长大体上可以分为个体生长、林分生长以及区域森林生态系统演变。个体生长是指某一树种随着年龄的增加，胸径、树高、材积逐步增加的过程；林分生长是指随着年龄的增加，除了林木的生长外，还有干扰导致的林木死亡，如采伐、枯损等；区域森林生态系统演变表现为不同的时段各种林分类型生长与消耗过程对森林生态系统的影响。由此可以看到：林分的生长过程与单木的生长是不一样的，由于林分内存在竞争，包括枯损、采伐等，生长过程更加复杂。树木的生长过程不同于林分的生长过程，但林分是由若干树木组成，通过树木个体的研究，也可以在一定程度上了解林分生长。森林生长规律的研究是林业科学经营与管理的重要基础工作。根据调查和文献整理，选择杉木、马尾松、细叶云南松、速生桉、栎类、栲类、罗浮锥、红锥、格木、火力楠、油杉 11 个树种（组）作为研究对象，建立胸径、树高、材积为因变量，年龄为自变量的单木生长模型。11 个树种（组）生长模型分别见图 4-8 至图 4-18。

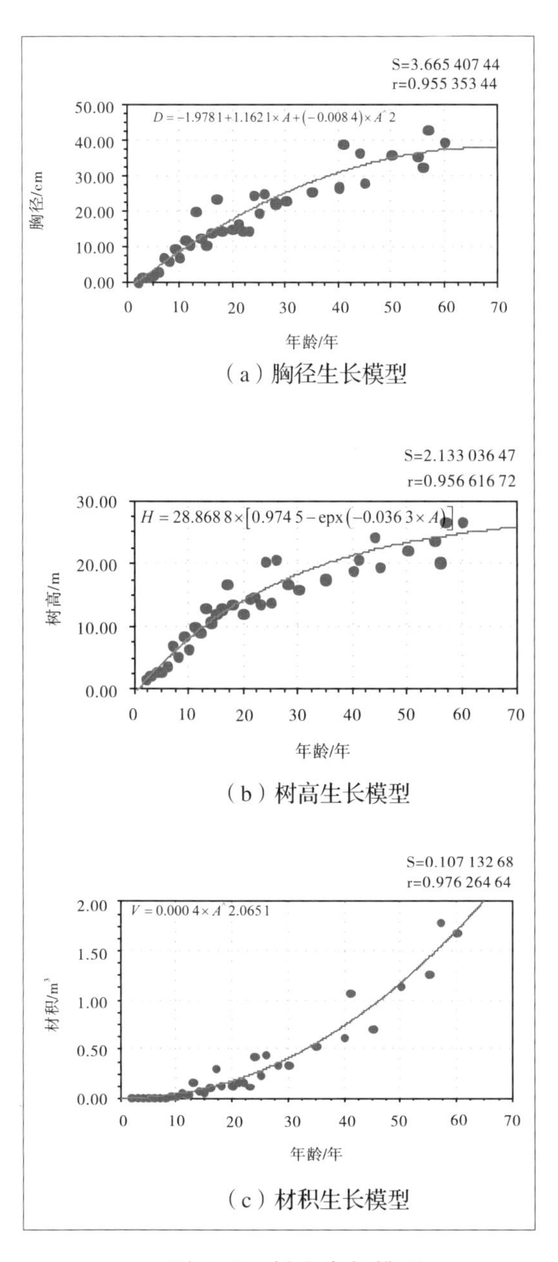

S=3.665 407 44
r=0.955 353 44
D = −1.978 1+1.162 1× A+(−0.008 4)× A^2
胸径/cm
年龄/年
(a) 胸径生长模型
S=2.133 036 47
r=0.956 616 72
H = 28.868 8×[0.974 5 − epx(−0.036 3× A)]
树高/m
年龄/年
(b) 树高生长模型
S=0.107 132 68
r=0.976 264 64
V = 0.000 4× A^2.065 1
材积/m³
年龄/年
(c) 材积生长模型

图 4-8　杉木生长模型

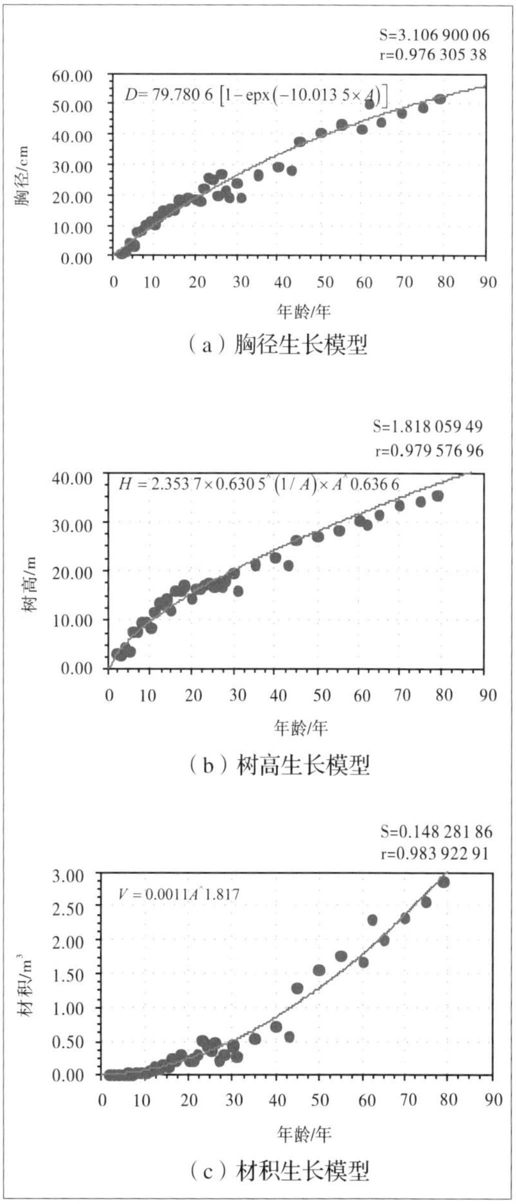

S=3.106 900 06
r=0.976 305 38
D= 79.780 6 [1 − epx(−10.013 5× A)]
胸径/cm
年龄/年
(a) 胸径生长模型
S=1.818 059 49
r=0.979 576 96
H = 2.353 7×0.630 5^(1/ A)× A^0.636 6
树高/m
年龄/年
(b) 树高生长模型
S=0.148 281 86
r=0.983 922 91
V = 0.0011A^1.817
材积/m³
年龄/年
(c) 材积生长模型

图 4-9　马尾松生长模型

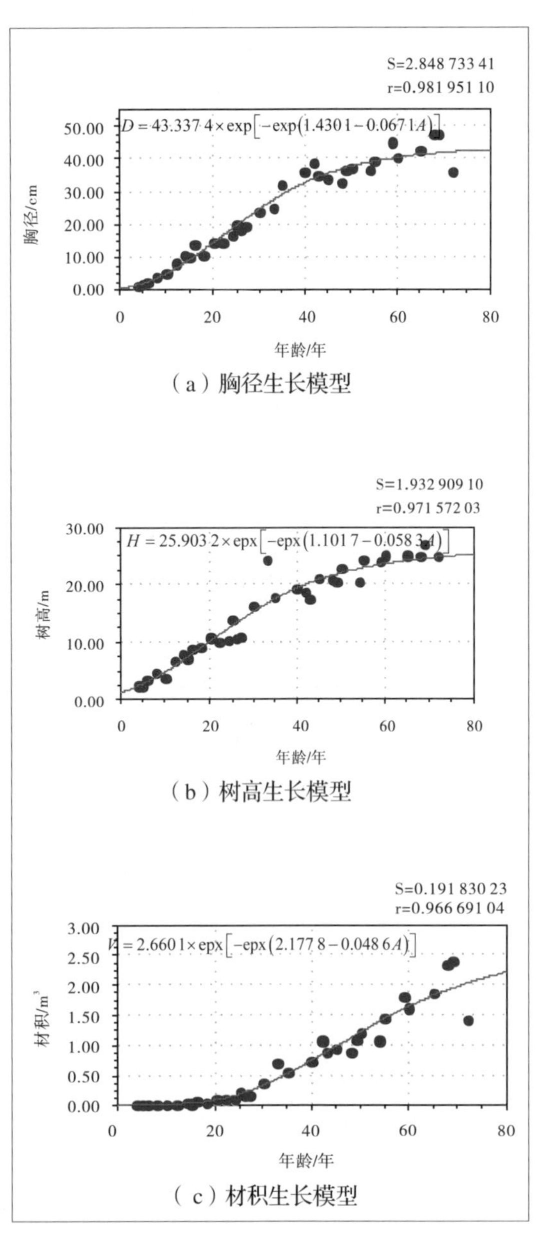

图 4-10　细叶云南松生长模型

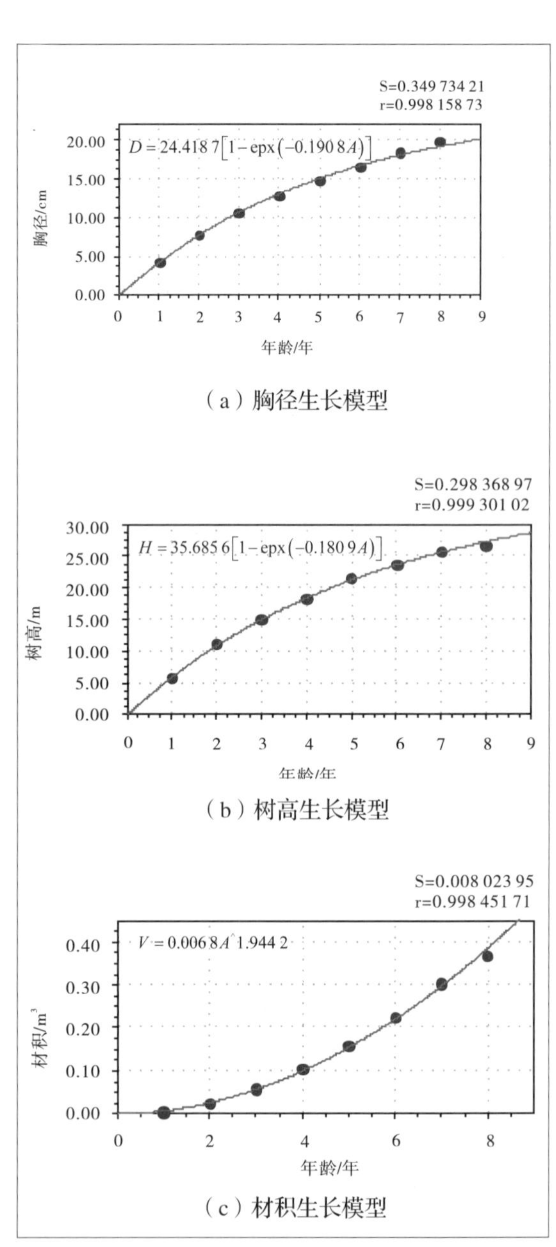

图 4-11　速生桉生长模型

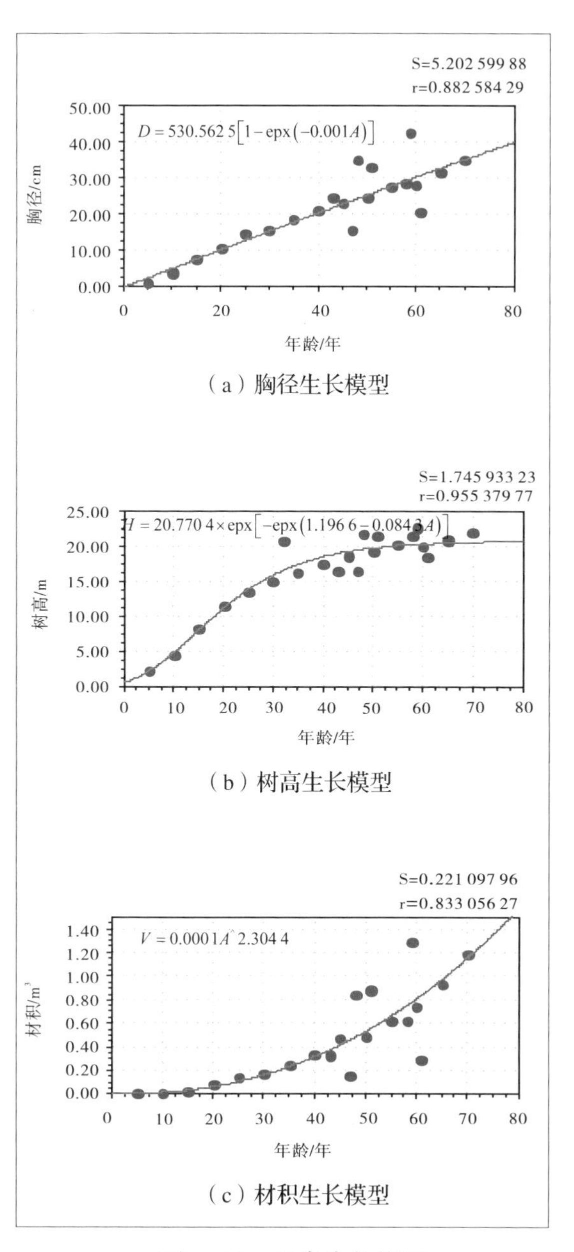

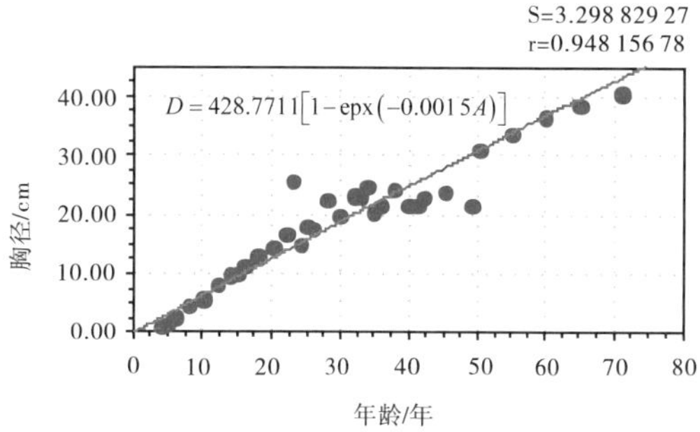

S=5.202 599 88
r=0.882 584 29
D = 530.562 5[1 − epx(−0.001A)]
胸径/cm
年龄/年

（a）胸径生长模型

S=1.745 933 23
r=0.955 379 77
H = 20.770 4 × epx[−epx(1.196 6 − 0.084 3A)]
树高/m
年龄/年

（b）树高生长模型

S=0.221 097 96
r=0.833 056 27
V = 0.000 1A^2.304 4
材积/m³
年龄/年

（c）材积生长模型

图 4-12　栎类生长模型

S=3.298 829 27
r=0.948 156 78
D = 428.771 1[1 − epx(−0.001 5A)]
胸径/cm
年龄/年

（a）胸径生长模型

S=2.912 553 51
r=0.741 263 91
H = 19.081 3[1 − epx(−0.045 9A)]
树高/m
年龄/年

（b）树高生长模型

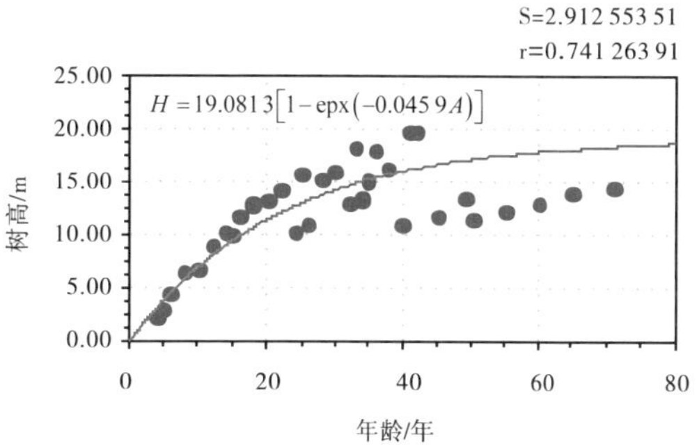

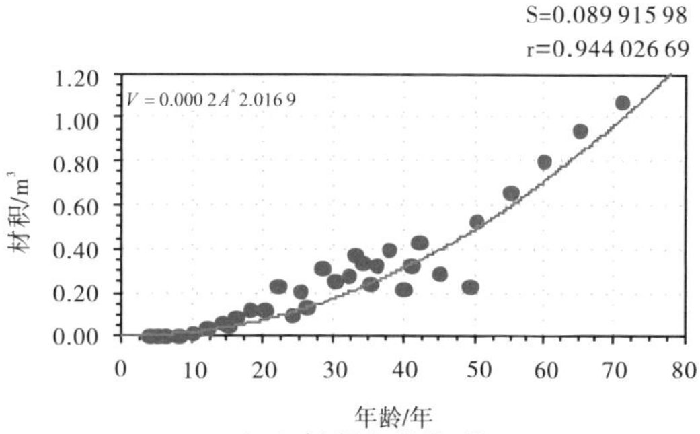

S=0.089 915 98
r=0.944 026 69
V = 0.000 2A^2.016 9
材积/m³
年龄/年

（c）材积生长模型

图 4-13　栲类生长模型

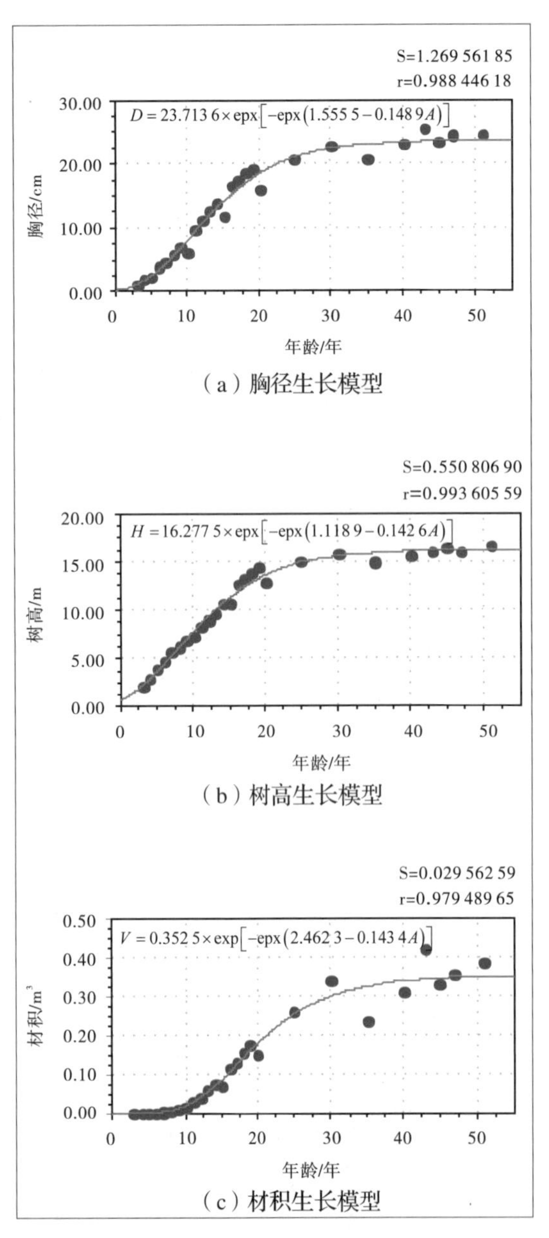

（a）胸径生长模型

（b）树高生长模型

（c）材积生长模型

图 4-14　罗浮锥生长模型

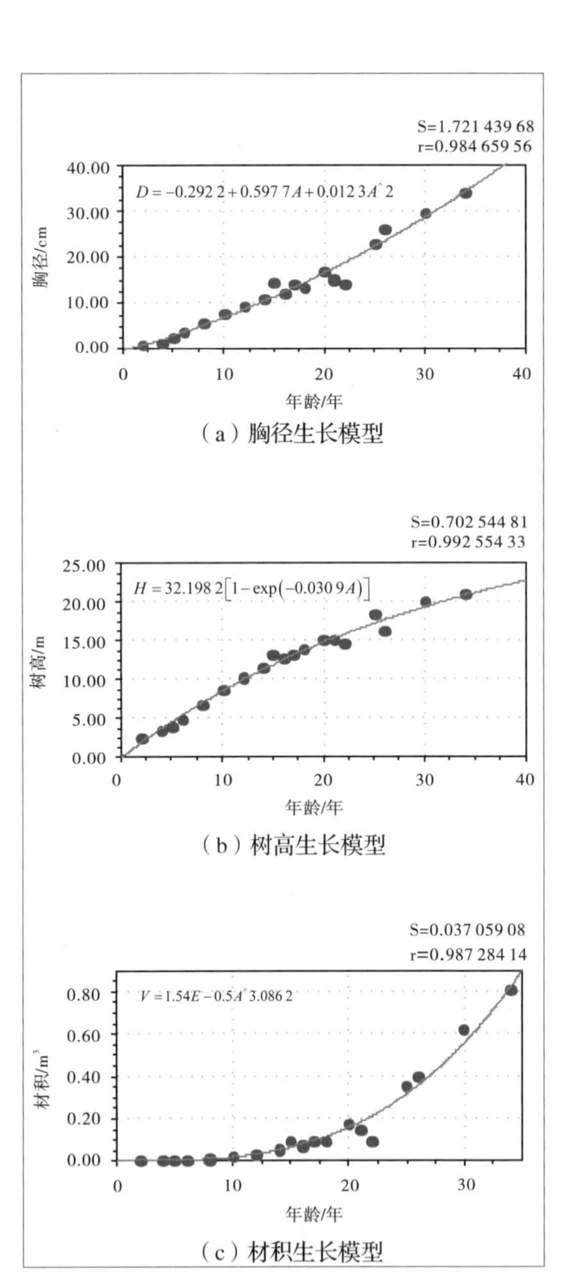

（a）胸径生长模型

（b）树高生长模型

（c）材积生长模型

图 4-15　红锥生长模型

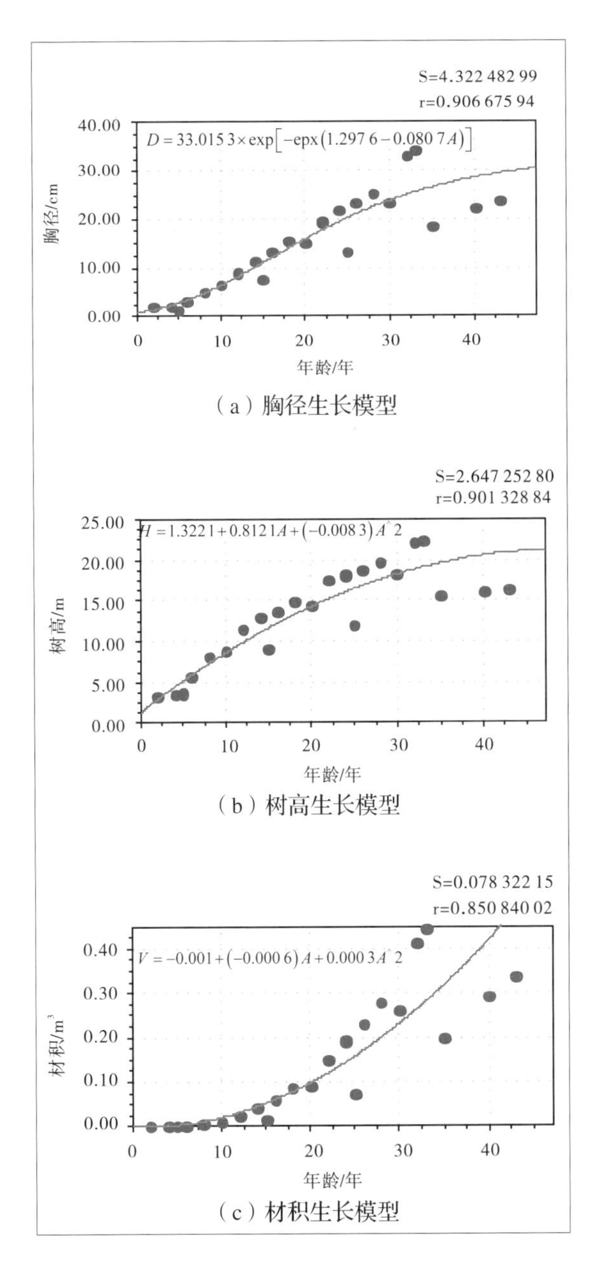

（a）胸径生长模型
（b）树高生长模型
（c）材积生长模型

图 4-16　格木生长模型

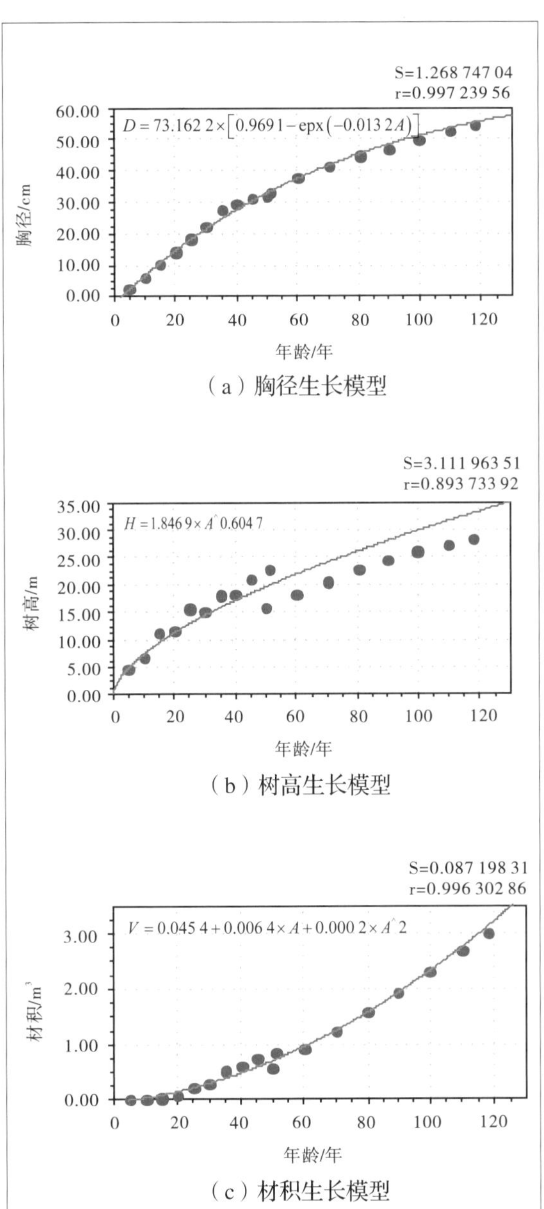

（a）胸径生长模型
（b）树高生长模型
（c）材积生长模型

图 4-17　火力楠生长模型

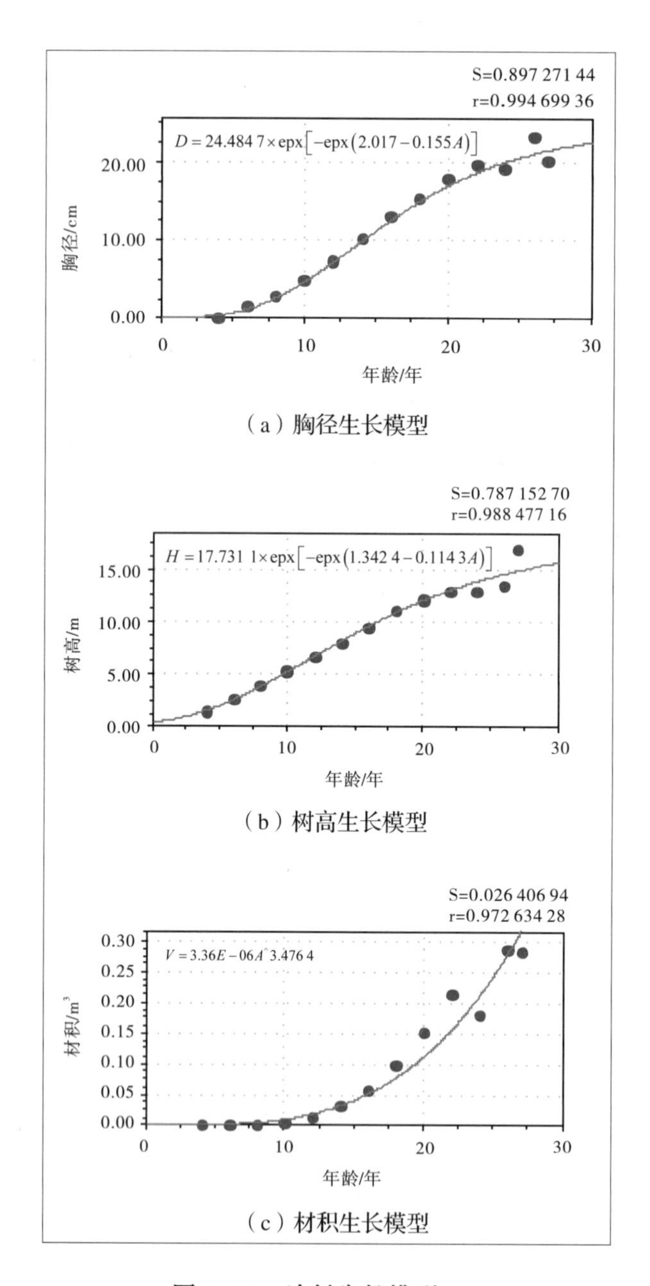

（a）胸径生长模型

（b）树高生长模型

（c）材积生长模型

图 4-18　油杉生长模型

4.2.3.2 基于固定样地和气候分区的主要树种林分蓄积更新模型

广西现行森林生长率的计算，通常是应用森林资源规划设计调查材料分树种建立蓄积 - 年龄序列模型，推算不同年龄的生长率，由于年龄难以准确估测，造成生长率有较大的偏差。森林资源连续清查中，胸径是可以准确测量获得的，林分的胸径大小通常与生长率高低呈反 J 型关系，由此可以提取两期连续清查保留木，计算径级生长率或材积生长率，建立生长率为因变量，胸径为自变量的生长率模型。以 2010 年、2015 年样地的成对保留木为依据，分中亚热带、南亚热带、北热带建立相关树种组的生长率模型。由于速生桉的主伐年龄为 3 ～ 6 年，可以提取的样木相对少，宜采用其他方法建立生长率模型。广西不同气候带森林分区见图 4-19；各气候带杉木、马尾松、阔叶树胸径 - 生长率模型分别见图 4-20、图 4-21、图 4-22。

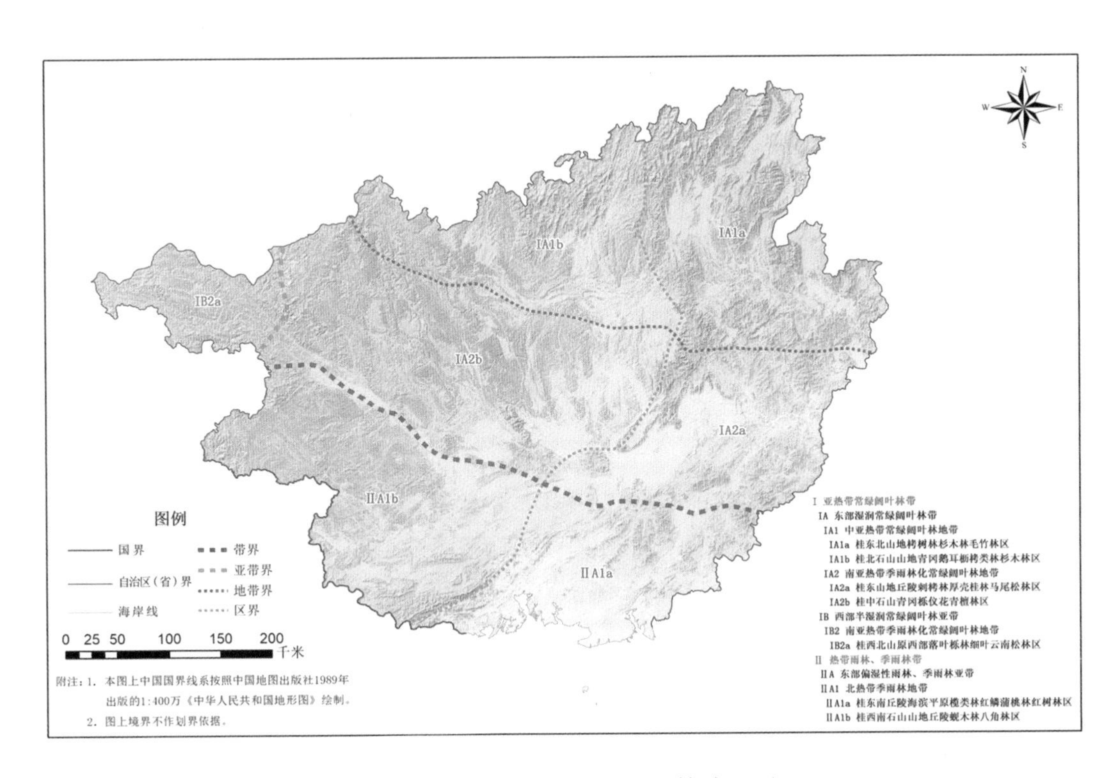

图 4-19　广西不同气候带森林分区图

注：资料源于《广西森林》。

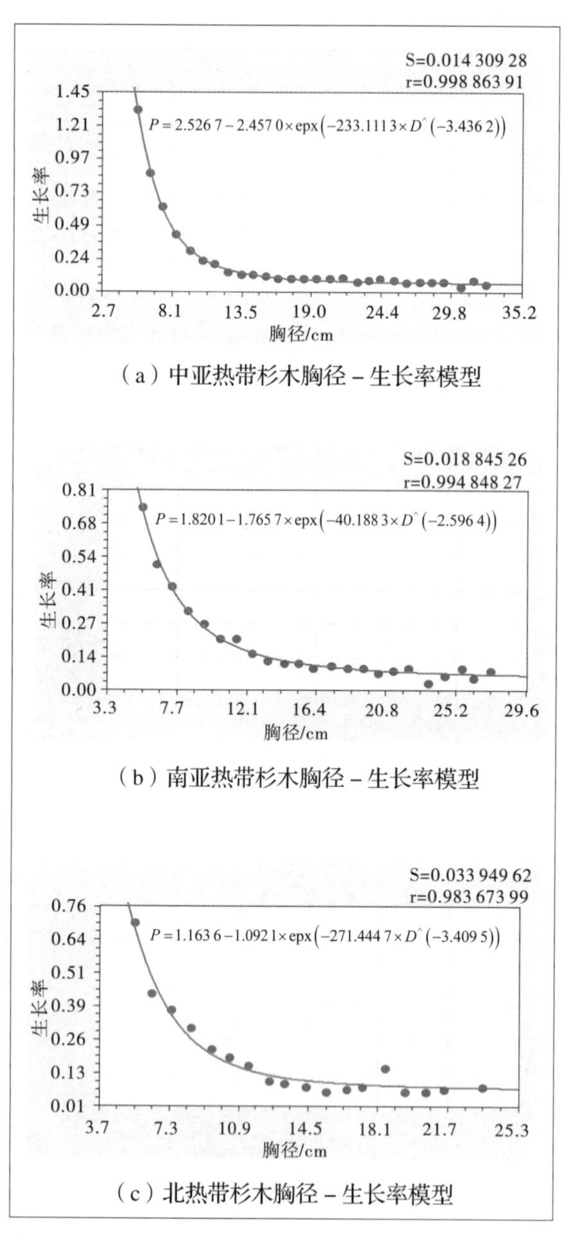

（a）中亚热带杉木胸径 – 生长率模型

（b）南亚热带杉木胸径 – 生长率模型

（c）北热带杉木胸径 – 生长率模型

图 4-20　各气候带杉木胸径 – 生长率模型

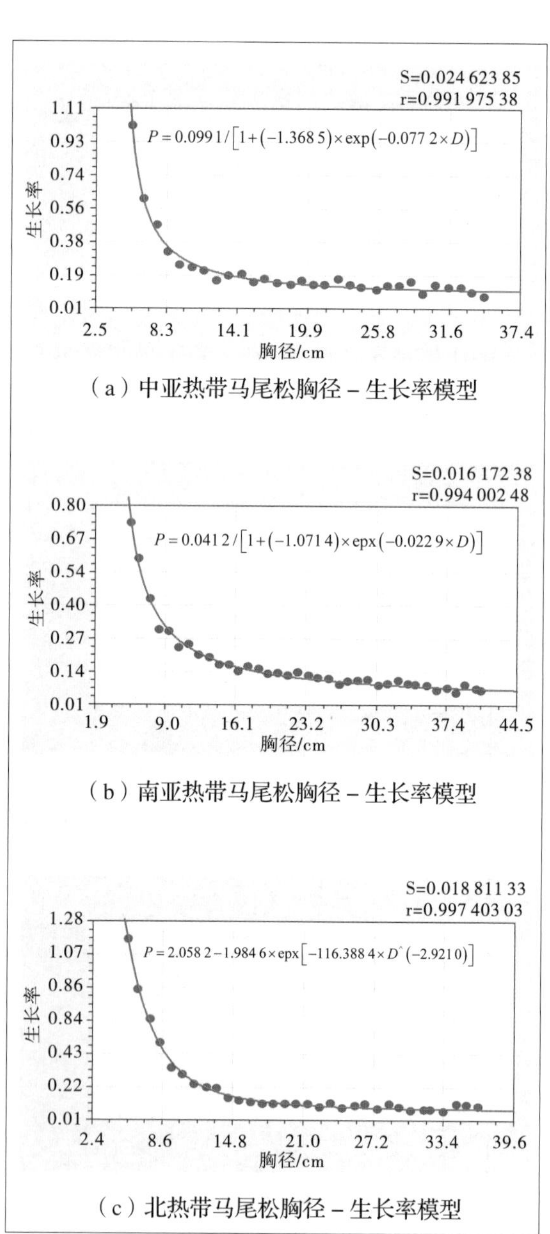

（a）中亚热带马尾松胸径 – 生长率模型

（b）南亚热带马尾松胸径 – 生长率模型

（c）北热带马尾松胸径 – 生长率模型

图 4-21　各气候带马尾松胸径 – 生长率模型

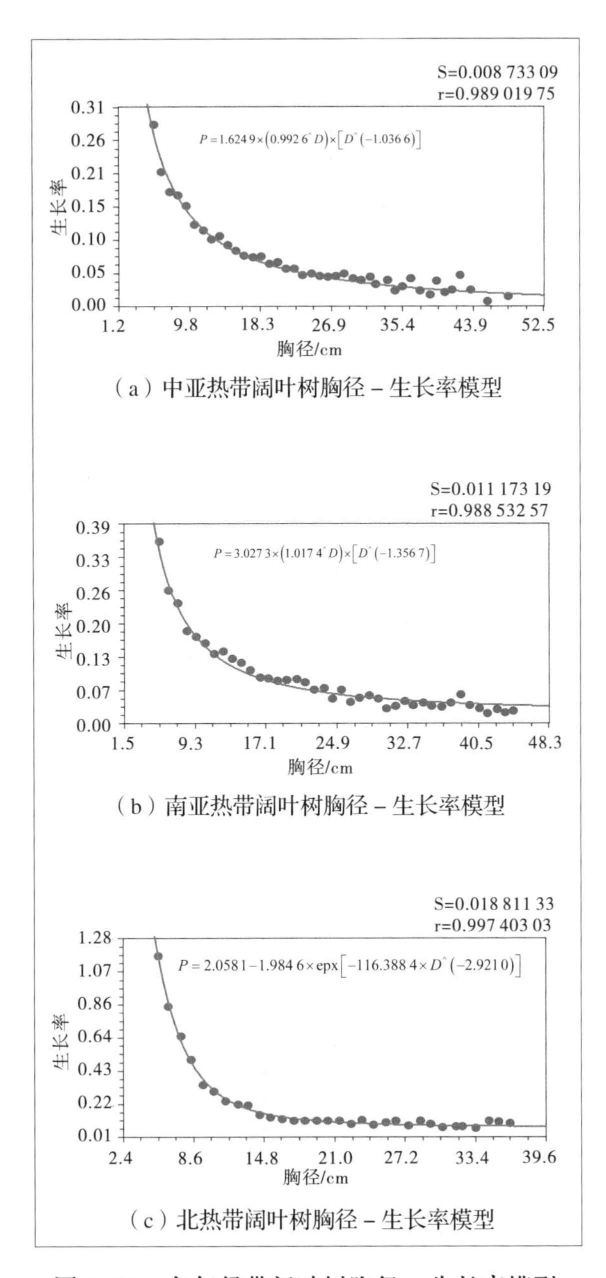

（a）中亚热带阔叶树胸径 – 生长率模型

（b）南亚热带阔叶树胸径 – 生长率模型

（c）北热带阔叶树胸径 – 生长率模型

图 4–22　各气候带阔叶树胸径 – 生长率模型

4.2.3.3 基于样地尺度胸径变化线性预测模型

采用林分因子与林分年龄的关系估测林分因子是一种传统经典的方法，但林分年龄往往难以获取，而胸径是可测量的因子。通过研究发现，在一个比较短的时间内，样地保留木的前后期胸径呈线性关系，因此可以采用线性模型预测后期的胸径变化。910 号样地阔叶树前后期胸径分布见图 4-23。

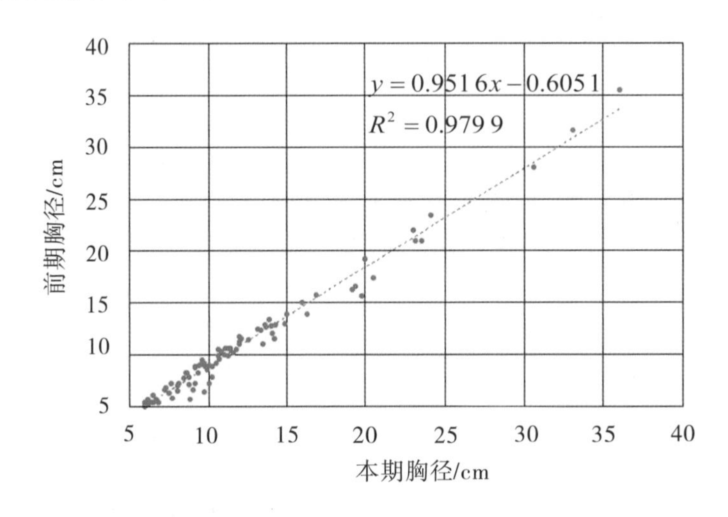

图 4-23　910 号样地阔叶树前后期胸径分布散点图

（1）建模流程

以两期森林资源连续清查样地为基础，针对某一样地的后期数据，筛选出保留木，可以形成一个保留木胸径集合 $D_{后}$。同理，保留木对应的前期胸径 $d_{前}$也可以形成一个集合 $D_{前}$。为了建模的可靠性，本例中剔除保留木数量小于 10 株的样地。$D_{后}$和 $D_{前}$是该模型的数据基础，采用线性回归方程对样地数据拟合。某个树种组建模的具体流程见图 4-24。

（2）建模过程

利用广西第八次和第九次森林资源连续清查的复测样地中的保留木数据来构建样地尺度的胸径预测线性回归模型，通过数据筛选，总计提取样地 1 262 个，保留木 58 623 株，其中杉木 11 899 株、松树 8 278 株和阔叶树 38 446 株。杉木、松树、阔叶树径阶分布分别见图 4-25、图 4-26、图 4-27。

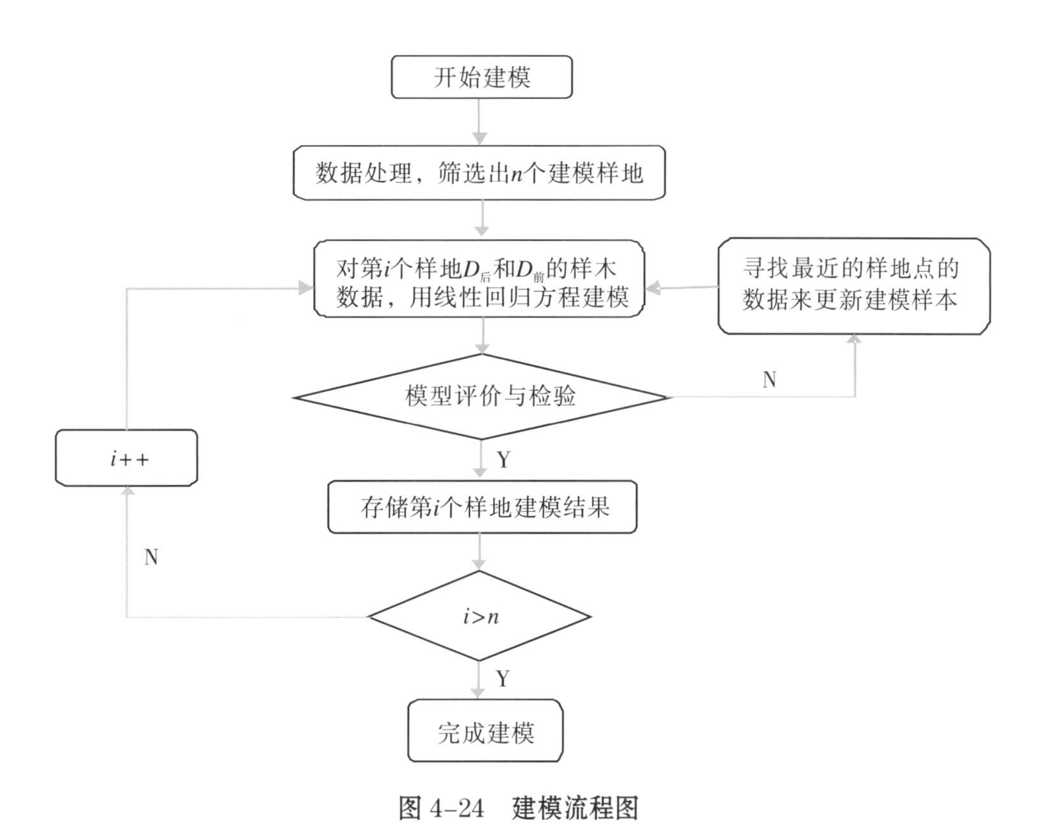

图 4-24　建模流程图

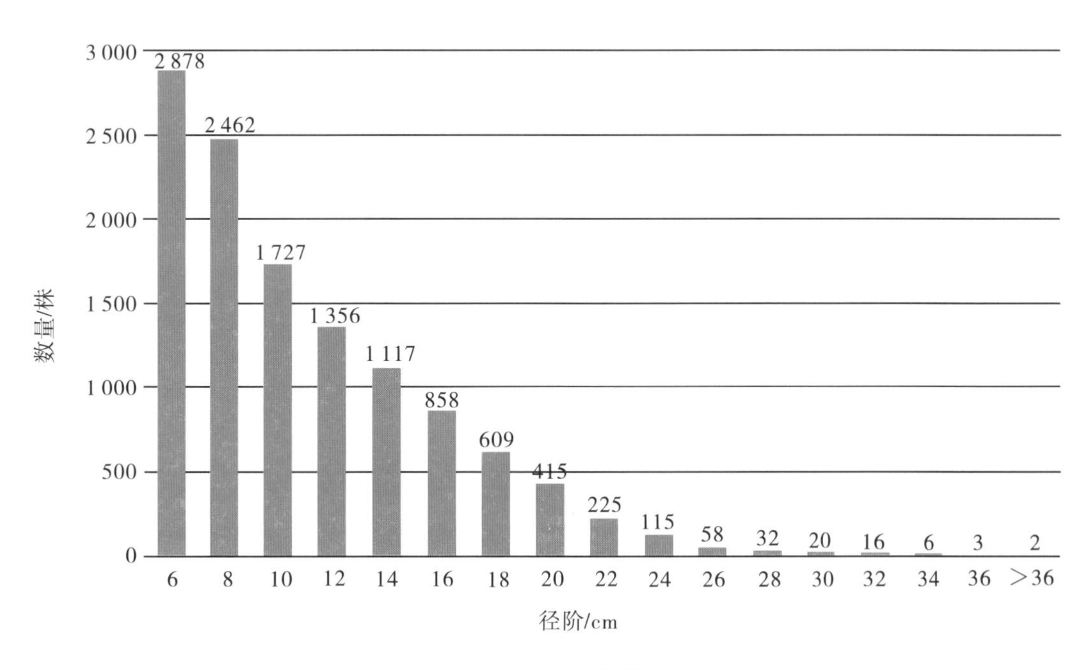

图 4-25　杉木径阶分布图

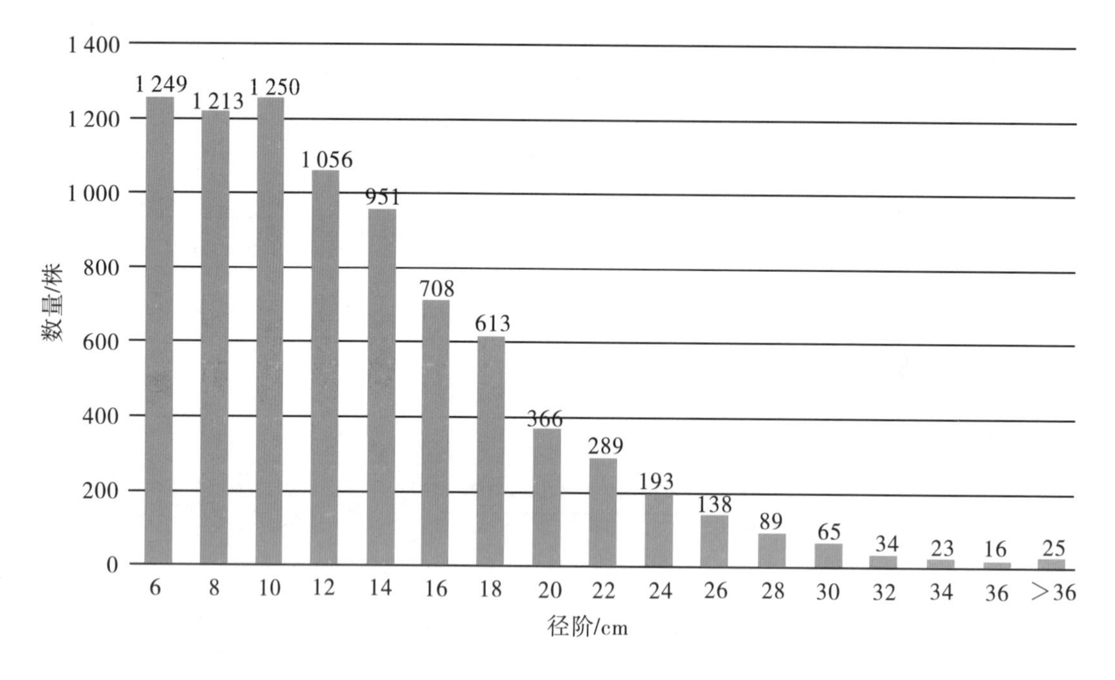

图 4-26　松树径阶分布图

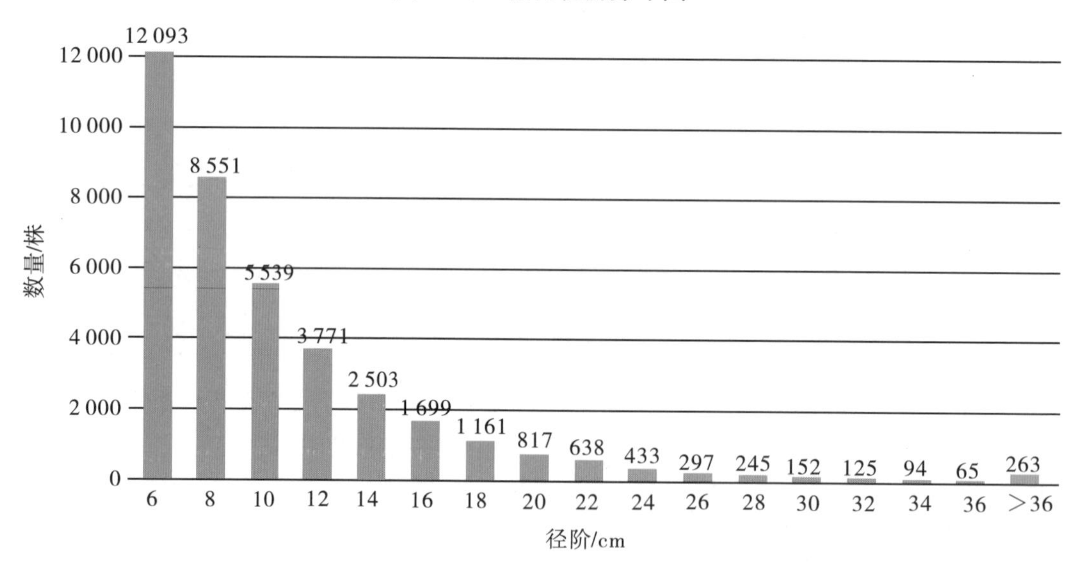

图 4-27　阔叶树径阶分布图

通过对 1 262 个样地建模，共计得到样地尺度的胸径预测线性回归模型 1 420 个，其中杉木 248 个、松树 241 个和阔叶树 931 个。基于样地尺度的胸径预测模型数据库视图见图 4-28。

	样地号	更新样地号	样木个数	行政区域	树种组	参数a	参数b	参数r2	蓄积	树种组回归蓄积	样地尺度回归蓄积	f_p	f_c
219	556	556,558	24	450326	阔	0.9718	1.8475	0.8959	2.1329	2.2082	2.1149	3.4434	2.7662
220	557	<null>	13	450326	杉	1.6382	-3.2880	0.8939	2.5363	1.6243	2.4898	3.9823	0.8363
221	557	557,555	22	450326	阔	1.1865	0.2014	0.8731	2.8610	2.4426	2.8146	3.4928	2.3160
222	558	558,556	50	450322	阔	0.9718	1.8475	0.8959	1.9314	2.2728	1.8802	3.1907	0.9133
223	566	566,716	17	450323	阔	1.0018	0.9919	0.9930	0.6452	0.8346	0.6440	3.6823	0.9900
224	570	<null>	16	450323	杉	0.9450	4.1207	0.9350	4.6562	4.1613	4.6139	3.7389	0.7556
225	573	573,574	34	450327	杉	0.8650	6.8082	0.8003	2.8686	1.5756	2.6661	3.2945	2.3500
226	574	<null>	30	450332	杉	1.1227	2.8196	0.8319	6.7518	4.9201	6.6522	3.3404	1.9616
227	574	574,509	11	450332	阔	1.0009	2.0024	0.7082	0.8933	0.2644	0.8364	4.2565	3.4132
228	576	576,510	39	450332	阔	1.0307	0.7758	0.9807	2.8005	3.3535	2.7822	3.2519	1.2532
229	581	581,590	16	451222	阔	1.7612	-2.0526	0.8025	0.8529	0.6040	0.8128	3.7389	2.8176
230	582	582,652	40	451222	阔	1.2167	-0.8112	0.9444	2.9554	3.1891	2.9284	3.2448	0.4243
231	590	590,591	11	451221	阔	1.7649	-2.8110	0.8279	2.4064	0.9863	2.3845	4.2565	1.7610
232	591	<null>	13	451221	阔	1.0846	0.5032	0.9798	0.3639	0.4458	0.3622	3.9823	0.4267
233	594	594,668	23	451221	阔	1.0174	3.1530	0.8201	2.0560	1.5171	2.0125	3.4668	2.8373
234	597	597,668	31	451226	阔	1.1646	0.8087	0.9139	2.7090	2.3203	2.6487	3.3277	1.7789
235	599	599,466	48	451226	阔	1.0015	0.8240	0.9744	4.0518	5.0953	4.0327	3.1996	2.1896
236	604	604,762,470,352,1042	37	451226	阔	1.1781	1.8308	0.8186	1.5434	1.2150	1.4644	3.2674	3.0994
237	609	609,474,169,312,1261,429	78	451226	杉	1.2745	2.5086	0.8170	11.3499	6.9651	11.1521	3.1170	2.9176
238	611	611,612	180	450225	阔	0.9926	1.2263	0.9749	9.3860	11.2100	9.2878	3.0467	2.5751
239	612	612,611	35	450225	阔	0.9926	1.2263	0.9749	8.7477	9.8879	8.7035	3.2849	0.1472
240	613	613,1066	85	451225	松	1.2626	-1.3392	0.9011	9.3495	10.9821	9.3942	3.1065	1.7439
241	614	614,543	59	450225	阔	1.0391	1.0954	0.9770	9.8865	10.7072	9.8276	3.1588	2.1679
242	616	616,543	15	451225	阔	1.1221	1.6523	0.9396	0.5707	0.4146	0.5531	3.8056	3.6761
243	618	<null>	23	450225	杉	0.7930	8.1459	0.8561	4.8282	3.4971	4.6857	3.4668	2.1175

图 4-28　基于样地尺度的胸径预测模型数据库视图

（3）模型评价

样地蓄积量预估精度 P_i 计算方法：

$$P_i = 1 - \left| \frac{\text{样地预测蓄积量} - \text{样地实测蓄积量}}{\text{样地实测蓄积量}} \right|, 0 < i \leq n \qquad \text{式 4-2-7}$$

对于第 i 个样地，以第八次森林资源连续清查为样本，使用样地尺度的线性回归模型来预测胸径和蓄积量，再和第九次森林资源连续清查的实测数据做对比分析，得到样地蓄积量预估精度 P_i。为了对比分析，本例以杉木 11 899 株、松树 8 278 株和阔叶树 38 446 株分别构建树种组线性回归模型，这 3 个模型也参与评价分析。

参与评价的样地总计有 1 262 个，预估精度评价结果见表 4–5 和图 4–29。表 4–5 和图 4–29 列出不同建模方法的结果精度分别大于 0.95、0.90、0.85 和 0.80 的数量。

表 4–5　预估精度评价结果表

方法	$P > 0.95$		$P > 0.90$		$P > 0.85$		$P > 0.80$	
	样地数量 / 个	占比 /%	样地数量 / 个	占比 /%	样地数量 / 个	占比 /%	样地数量 / 个	占比 /%
样地尺度线性回归	1 077	85.34	1 213	96.12	1 245	98.65	1 254	99.37
树种组线性回归	248	19.65	484	38.35	695	55.07	846	67.04

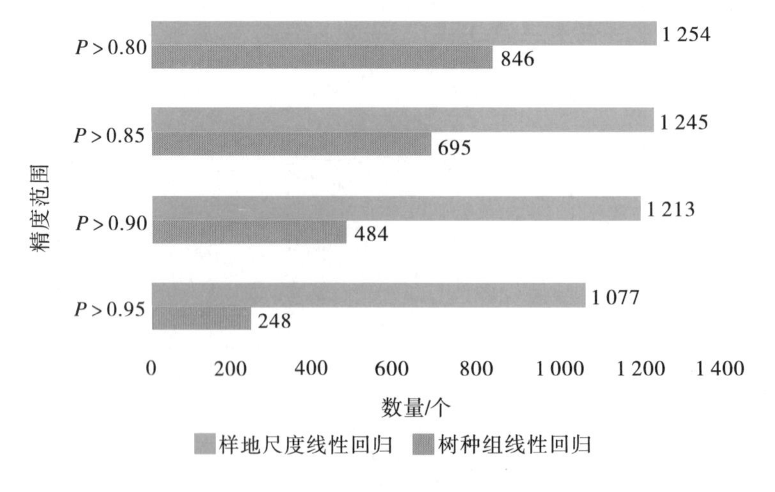

图 4–29　预估精度评价结果图

从表 4–5 和图 4–29 可以看出，在 $P>0.95$ 的评价精度下，树种组线性回归总体样本占比为 19.65%，样地尺度线性回归总体样本占比为 85.34%；在 $P>0.80$ 的评价精度下，树种组线性回归总体样本占比为 67.04%，样地尺度线性回归总体样本占比为 99.37%。从本例可以得到以下结论：在广西境内使用线性回归法进行胸径预测，样地尺度线性回归模型的精度明显优于树种组线性回归模型。

4.2.4 森林进界生长空间分布格局

在森林资源更新过程中，林分的生长量主要由林分保留木的生长量及进界木的生长量构成。研究分析了近年来广西森林资源管理“一张图”、第五次森林资源规划设计调查中林分的进界蓄积量，分起源、树种提取各类林分的进界单产，利用地统计分析法构建各类林分每公顷进界生长量插值面，主要技术流程如下：

①根据森林资源管理“一张图”、森林资源规划设计调查数据进行类型划分。林分起源分为天然林与人工林两大类，优势树种（组）分为杉木类、松树类、桉树类、其他阔叶类 4 种。

②逐林分类型求算进界木在监测期内的胸径平均生长量（ΔD），以起测径阶（D_0）为下限，以 D_0 与监测期内胸径平均生长量之和为上限（$D_1=\Delta D+D_0$），确定进界生长胸径范围（$[D_0, D_1]$）。

③逐类型提取对应胸径生长范围内的小班。

④根据小班的单位面积蓄积量及空间位置构建林分进界生长量不规则三角网（TIN），利用区域占用法将 TIN 转换为市、县、乡、村、林班等多尺度进界生长量栅格面，作为森林资源管理“一张图”年度数据更新计算过程的重要变量。主要树种（组）类型进界生长空间分布格局（人工林）见图 4–30。

4.2.5 森林消耗空间分布格局

森林资源动态变化的过程中，既存在生长，也存在消耗。造成森林资源消耗的原因众多，例如各类灾害、采伐、抚育等，为了便于遥感影像变化检测及数据更新，本研究将消耗分为全消耗和损耗两种类型。全消耗可通过遥感影像变化检测、发现、识别并提取，如林分皆伐等；损耗则在现阶段难以准确通过遥感技术定量监测，如盗伐、间伐、择伐、枯损等，因此需要建立林分的损耗空间分布格局，在更新过程中作为林分消耗的计算参数。森林消耗类型见图 4–31。

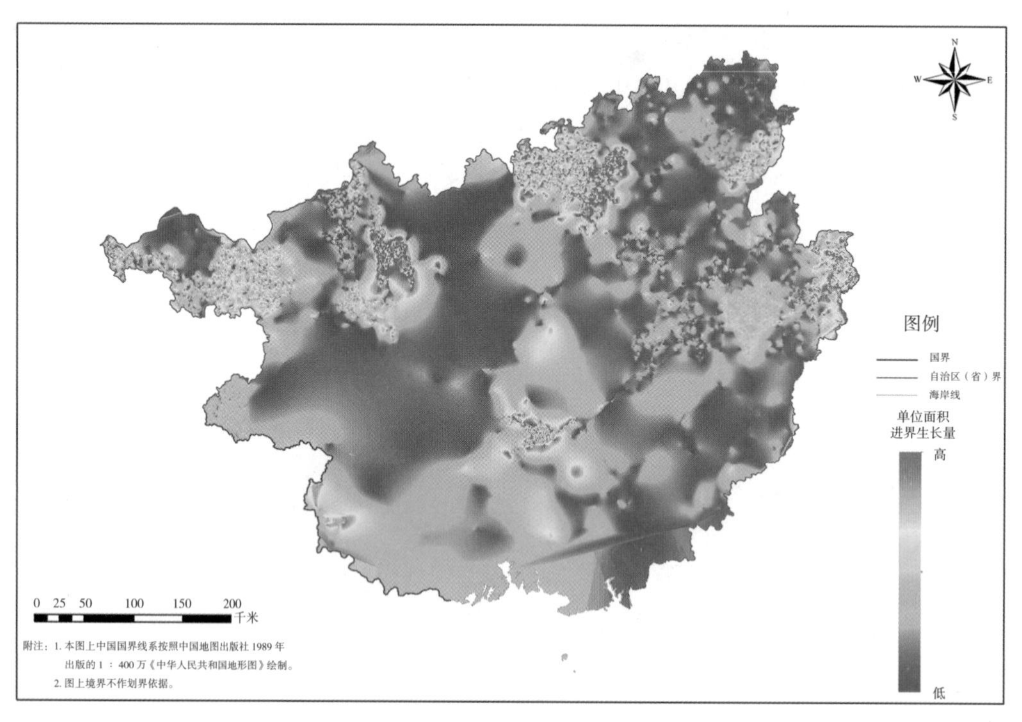
N
W
E
S
图例
国界
自治区（省）界
海岸线
单位面积
进界生长量
高
低
0 25 50 100 150 200
千米
附注：1. 本图上中国国界线系按照中国地图出版社 1989 年
出版的 1 ∶ 400 万《中华人民共和国地形图》绘制。
2. 图上境界不作划界依据。

（a）杉木类

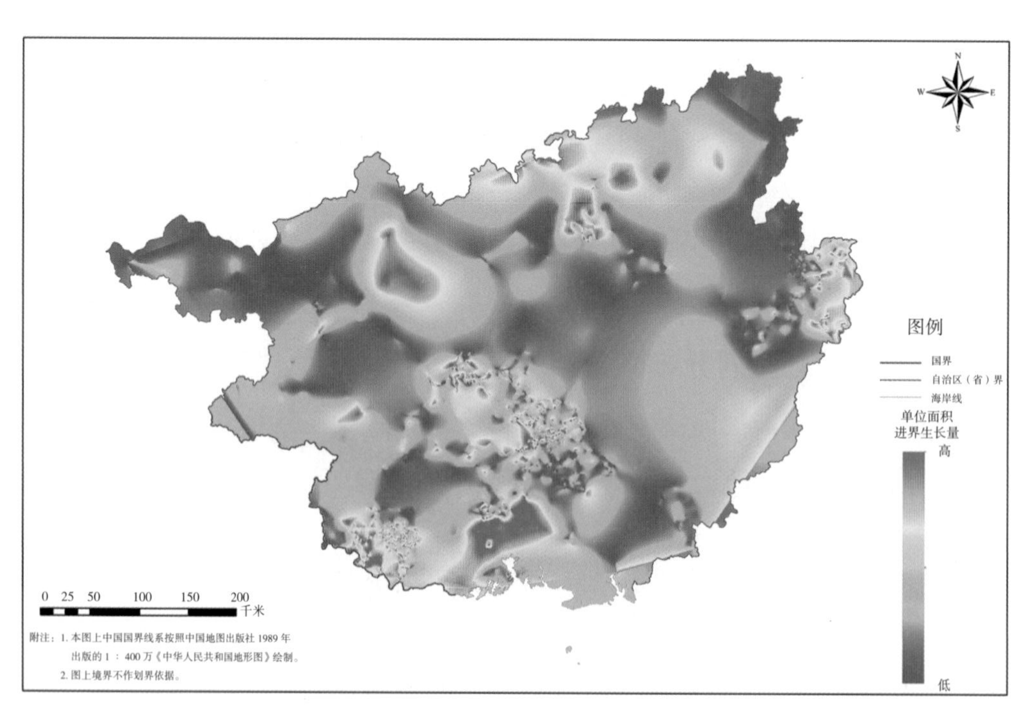
N
W
E
S
图例
国界
自治区（省）界
海岸线
单位面积
进界生长量
高
低
0 25 50 100 150 200
千米
附注：1. 本图上中国国界线系按照中国地图出版社 1989 年
出版的 1 ∶ 400 万《中华人民共和国地形图》绘制。
2. 图上境界不作划界依据。

（b）松树类

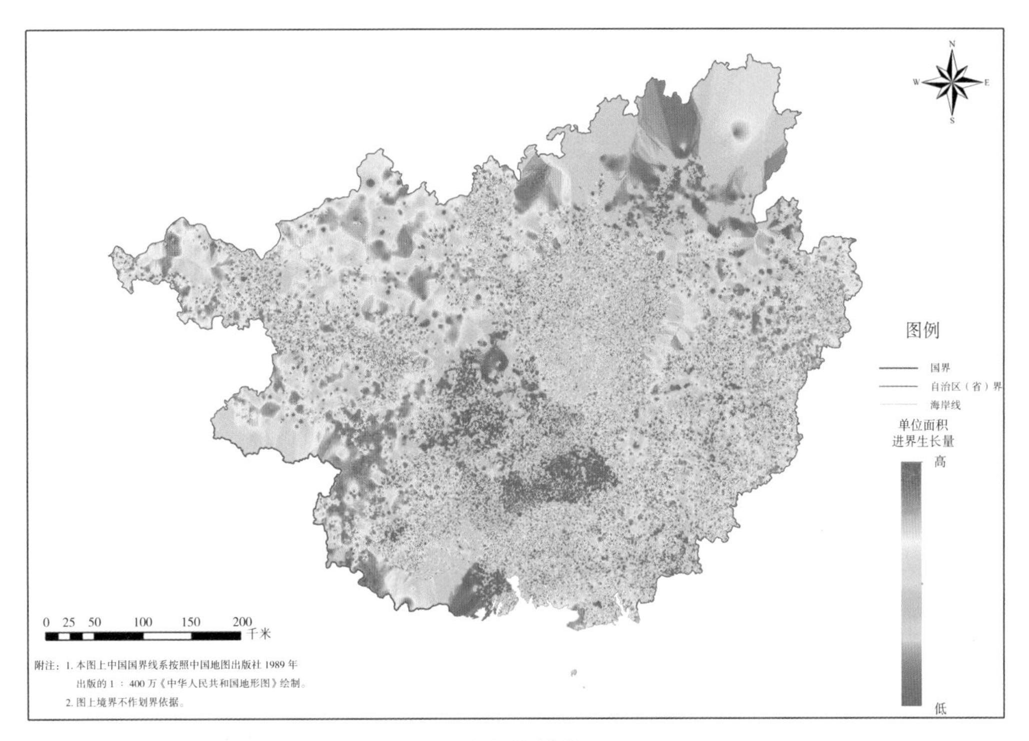

（c）桉树类

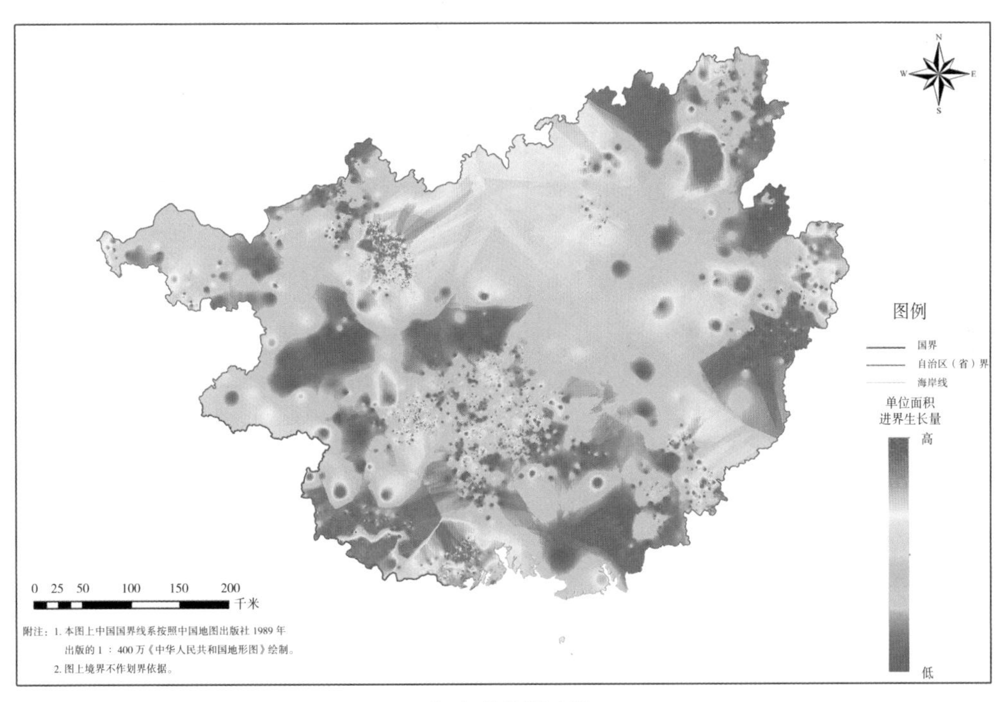

（d）其他阔叶类

图 4-30　主要树种（组）类型进界生长空间分布格局（人工林）

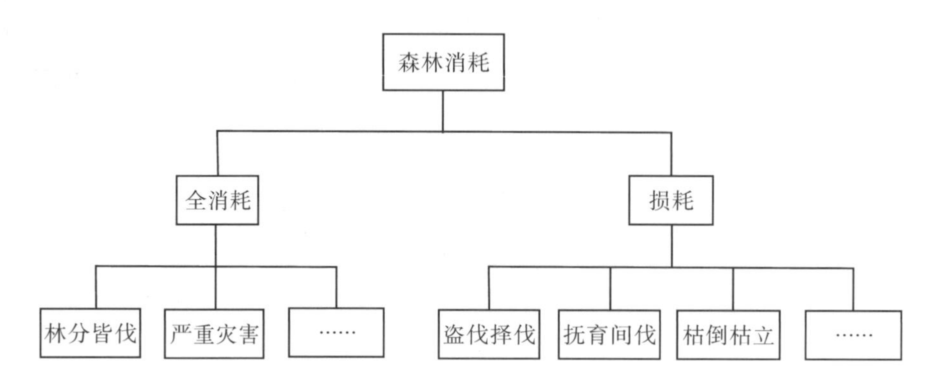

图 4-31 **森林消耗类型**

（1）全消耗

全消耗可以通过高频遥感变化检测对消耗的范围进行较为准确的提取，加之经营档案材料及外业人员的现地核实，可以较快、较早、较全面地监测到森林资源的全消耗变化。全消耗林分遥感季度监测示意图见图 4-32。

（a）前时影像

（b）后时影像

图 4-32 **全消耗林分遥感季度监测示意图**

（2）损耗

损耗难以通过遥感技术快速发现，但在森林资源数据更新过程中不容忽视。本研究利用固定样地数据，分区域、分树种计算损耗率，并根据样地林分的空间位置及属性特征对其他区域进行预测，构建主要树种（组）类型损耗空间分布格局。损耗空间分布格局构建流程见图 4-33。

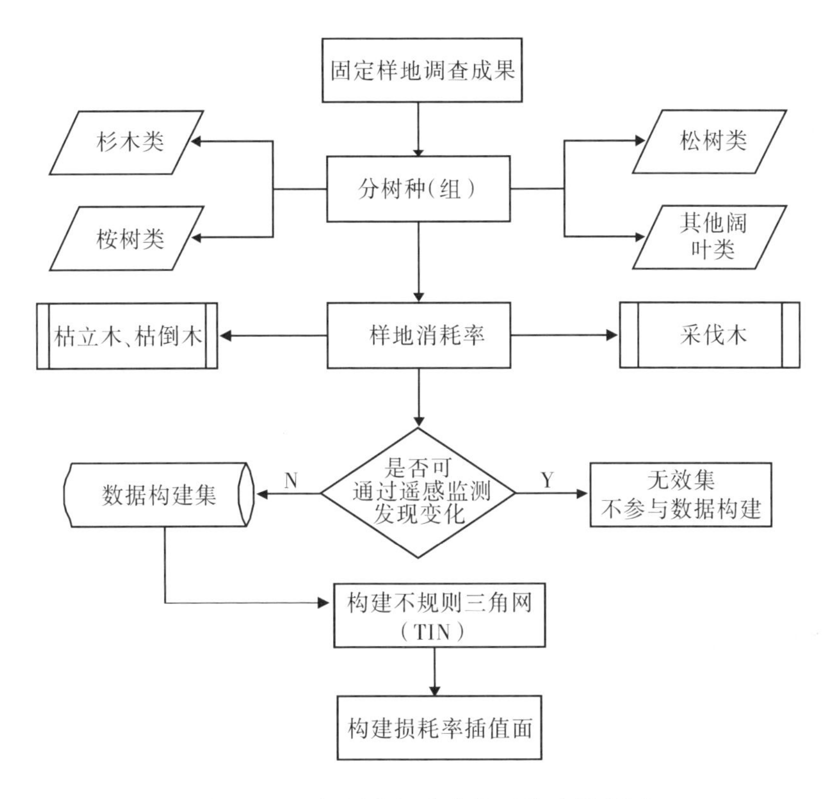

图 4-33　损耗空间分布格局构建流程图

第一步，根据森林资源优势树种的数量、质量、类型、分布等特点，将森林资源连续清查数据每木检尺表中的树种分为杉木类、松树类、桉树类、其他阔叶类 4 种。

第二步，筛选采伐木、枯立木、枯倒木，利用式 4-2-8 计算各样地消耗率。

$$C_{消耗}=C_{采伐}+C_{枯损}=\frac{M_{采伐}+M_{枯损}}{M}$$ 式 4-2-8

第三步，判断该样地消耗是否可以利用遥感监测发现变化。本研究利用遥感季度变化监测图斑、固定样地调查结果进行空间相交运算，统计遥感监测图斑对应固定样地的消耗率分布，确定全消耗类型的消耗率阈值。若该样地消耗率高于阈值，则样地变化可以通过遥感监测发现，不参与损耗空间分布格局构建；反之，该样地参与数据构建。

第四步，利用数据集分别构建 TIN，得到 4 个树种(组)类型的损耗率空间分布格局，并利用区域占用法将 TIN 转换为损耗率栅格面，作为森林资源管理“一张图”年度数据更新计算过程的重要变量。主要树种损耗空间分布格局示意图见图 4-34。

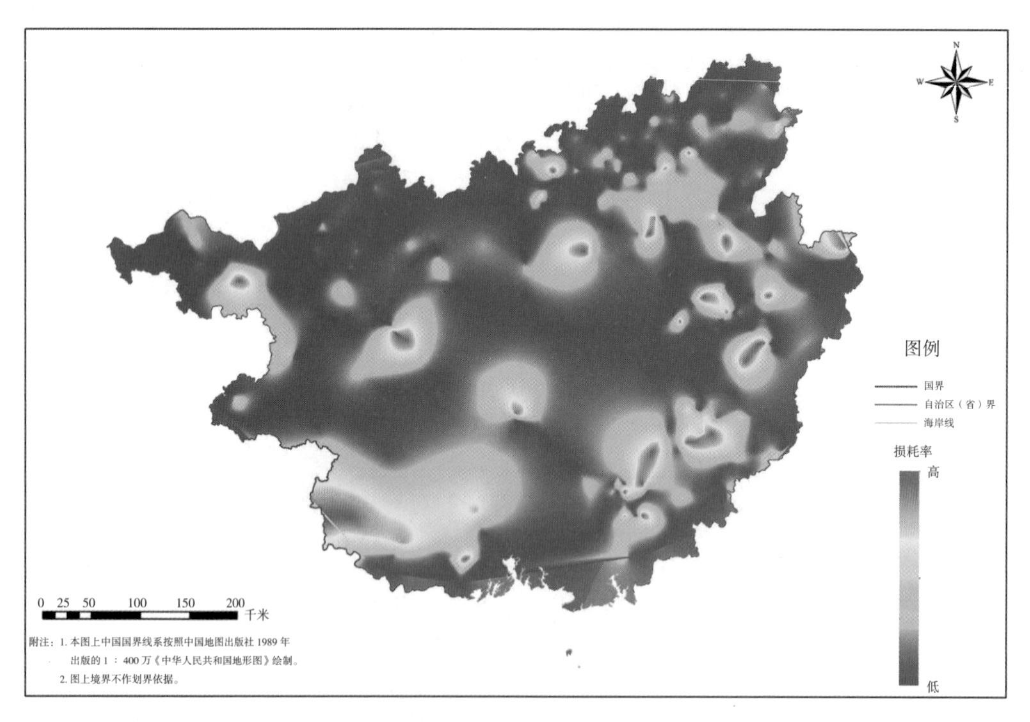
N
W
E
S
图例
国界
自治区（省）界
海岸线
损耗率
高
低
0 25 50 100 150 200
千米
附注：1. 本图上中国国界线系按照中国地图出版社 1989 年
出版的 1 ∶ 400 万《中华人民共和国地形图》绘制。
2. 图上境界不作划界依据。

（a）杉木类

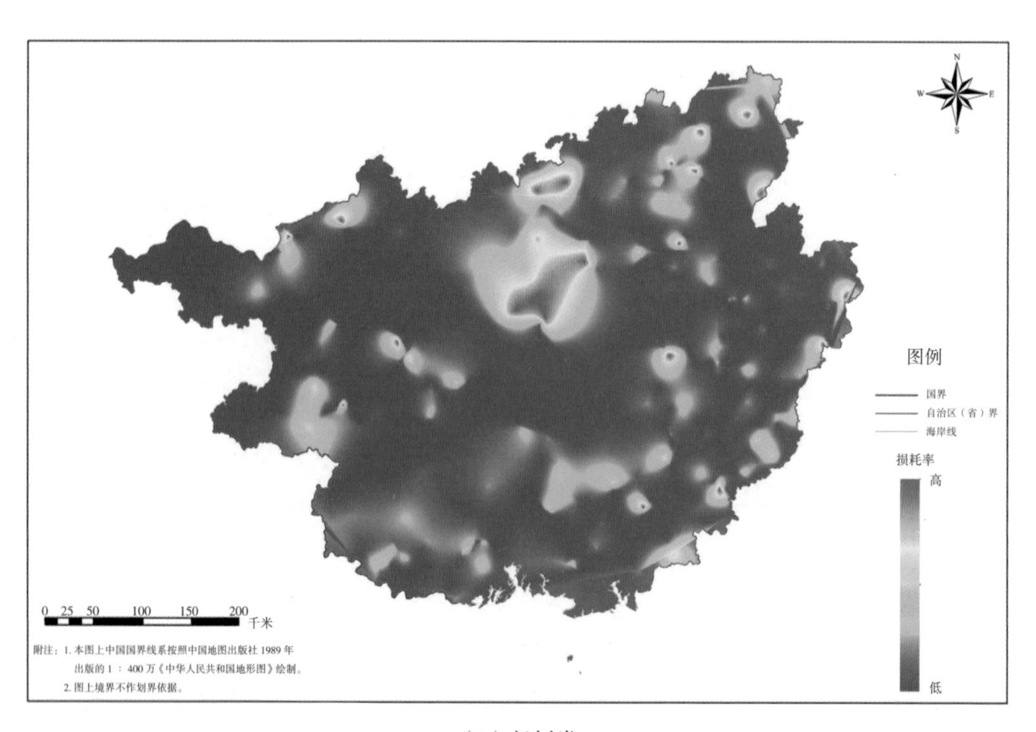
N
W
E
S
图例
国界
自治区（省）界
海岸线
损耗率
高
低
0 25 50 100 150 200
千米
附注：1. 本图上中国国界线系按照中国地图出版社 1989 年
出版的 1 ∶ 400 万《中华人民共和国地形图》绘制。
2. 图上境界不作划界依据。

（b）松树类

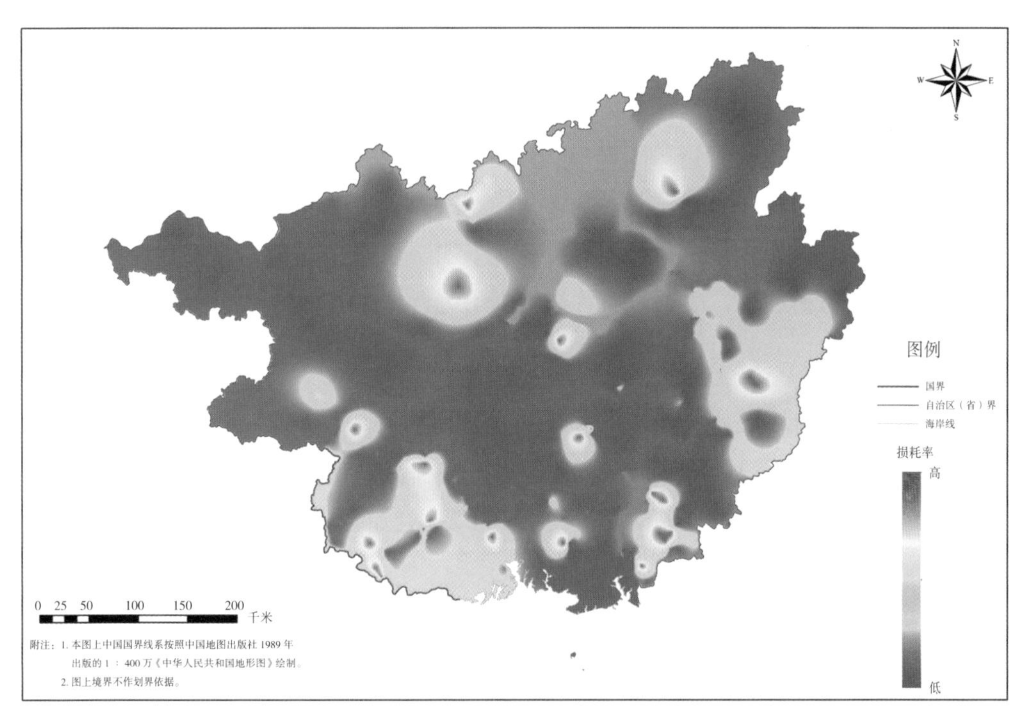

（c）桉树类

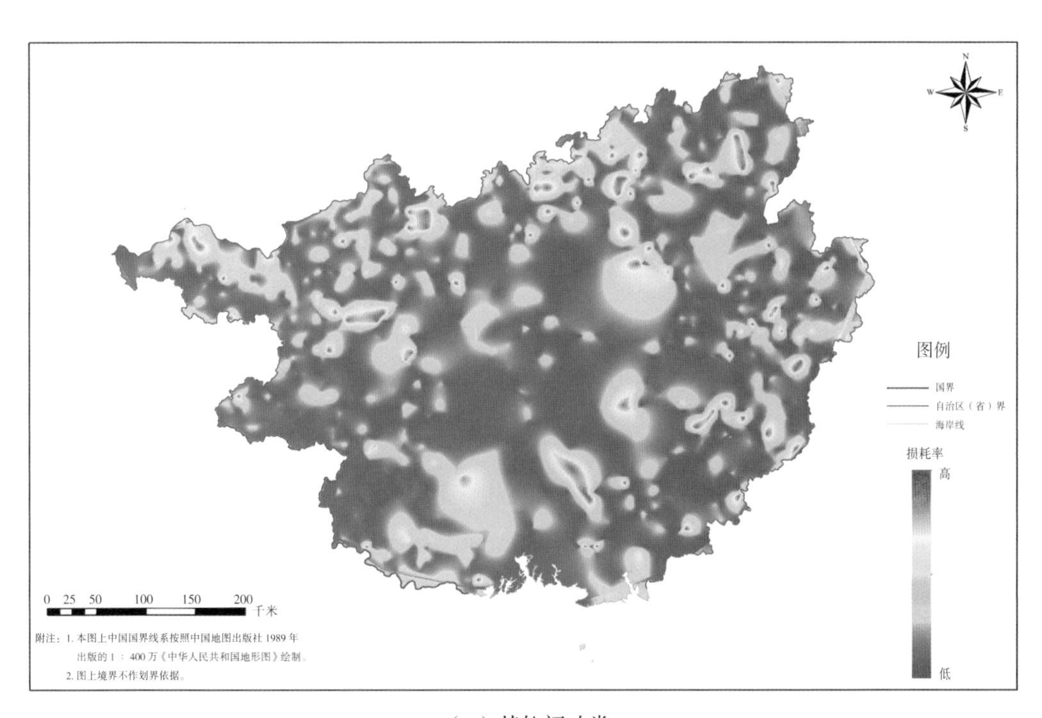

（d）其他阔叶类

图 4-34　主要树种损耗空间分布格局示意图

4.2.6 森林蓄积更新技术研究

对本底库的更新操作主要分为 2 个步骤：

①将遥感监测变化图斑核实成果与森林资源管理“一张图”进行空间运算，对变化区域的地类、树种、起源以及林况因子、变化原因等属性进行数据更新。

②利用初期林分蓄积量、林分生长率模型、林分消耗率插值面、林分进界生长量插值面进行地统计分析计算，逐小班对蓄积量因子进行“定量”更新，公式如下所示：

$$M_1 = M_0 \times (1 + P - C) + M_2 \quad 式4-2-9$$

式中，M_1 为小班更新后蓄积量，M_0 为小班更新前蓄积量，P 为该小班对应的林分生长率，C 为该小班范围对应空间位置“损耗率插值面”的均值，M_2 为小班优势树种对应空间位置的进界蓄积量（单位面积进界蓄积量均值与小班面积的乘积）。

4.3 总体蓄积与“一张图”蓄积衔接

4.3.1 随机森林算法在森林蓄积空间反演的应用

森林资源连续清查是国家级森林资源监测体系的重要组成部分，要求以省（自治区、直辖市）为总体进行调查。调查成果体现省（自治区、直辖市）级总体森林资源现状及动态变化过程，但是地方级森林资源监测体系需要省（自治区、直辖市）、市、县多级森林资源信息，为森林资源经营规划提供重要依据。随机森林算法可进一步推动国家和地方监测的“一体化”，确保监测成果数据衔接一致。

（1）数据来源

本研究基于广西 2020 年森林资源年度监测评价试点、第九次森林资源连续清查、第五次森林资源规划设计调查、2020 年区市县森林覆盖率监测等数据。

（2）反演方法

随机森林（RF）是通过集成学习的思想将多棵决策树集成的一种算法，它的基本单元是决策树，其具有很好的抗噪能力，且无须考虑过拟合现象，在类型变量的区分和连续变量的预测方面都具有较高性能。随机森林还能够有效地运行在海量数据集上，处理具有高维特征的输入样本，且无须降维处理。在随机森林模型的生成过程中，能够估计特征在分类或者回归中的重要性，获取内部生成误差，并在迭代学习中收敛到一个更低的泛化误差，形成无偏估计。具体计算过程如下：

①从原始训集中进行有放回的抽样，构建 N 个训练集，每次未被抽到的样本就组成

袋外（OOB）数据，用于模型内部精度检验。

②假设训练样本具有 *M* 个特征，从中随机抽取 *m* 个构成特征子集，逐特征计算其蕴含的信息量，选择一个最具有信息量的特征进行节点分裂，每棵树最大限度地生长，不做任何“剪枝”处理，从而构建成 *N* 棵决策树。

③根据多棵决策树组成的“决策森林”对 OOB 数据进行分类或预测，得到多个结果。

④若因变量为类型变量，算法目的为类型区分，则利用绝大多数、相对多数等投票法确定最终类型；若因变量为连续变量，算法目的为数值预测，则利用算术平均、加权平均等平均法决定最终预测值。

筛选空间位置、立地因子、林分因子作为自变量，单位面积蓄积量作为因变量，构建随机森林回归树，利用覆盖率监测样地获取对应位置的森林资源规划设计调查小班属性数据，形成预测样本集，将监测样点数据代入回归树，逐样点计算单位面积蓄积量，从而实现区－市－县一体化蓄积量计算。

（3）反演过程与结果

①训练过程。利用第九次森林资源连续清查样地数据（4 946 个）和 2020 年森林资源年度监测评价试点样地数据（787 个），共计 5 733 个数据，选用空间位置（经度、纬度）、立地因子（地貌、海拔、坡向、坡位、坡度）、林分因子（地类、树种类型、平均树高、郁闭度、每亩株数）12 个因子作为自变量，单位面积蓄积量作为因变量。根据广西气候带分布，将 5 733 个训练样本分为 3 个子总体。其中，中亚热带样本数 1 765 个，南亚热带样本数 2 348 个，北热带样本数 1 620 个。

根据 3 个气候带样本，分别构建随机森林回归树，通过判断模型内误差稳定时的决策树数量来确定 ntree 参数。随机森林模型误差随决策树数量变化趋势见图 4–35。由图 4–35 可知，在决策树数量 >100 时，模型内部误差趋于稳定，在保证模型精度的前提下，若要提高运算速度，需将 ntree 参数设为 >100 的值。

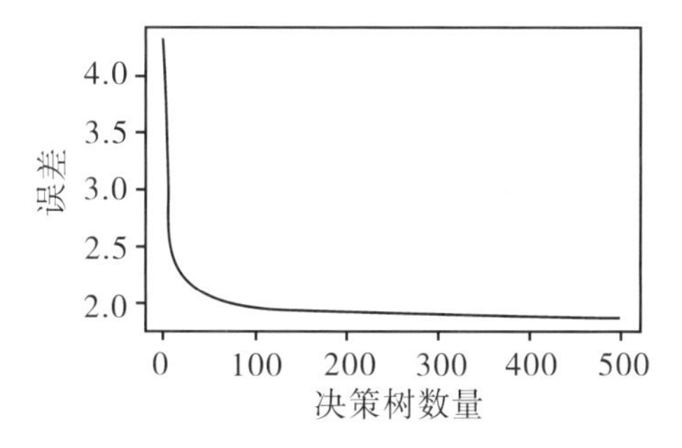

图 4–35　随机森林模型误差随决策树数量变化趋势图

②模型评价。通过“留一交叉”对模型精度进行检验，并采用以下 4 个参数作为评价指标：决定系数（R^2）、均方根误差（RMSE）、精度（EA）、相对偏差（RBias）。各模型精度评价指标见表 4–6。

表 4–6 各模型精度评价指标表

名称	R^2	RMSE	EA/%	RBias/%
中亚热带模型	0.76	0.840	71.54	0.51
南亚热带模型	0.83	0.632	71.74	0.58
北热带模型	0.78	0.538	67.88	0.52

在验证的同时求取权重集的算术平均值，获得各模型特征变量的平均权重并计算权重占比，其中平均树高权重占比高达 35.8%，地貌因子仅占比 0.5%，且林分因子权重占比明显高于立地因子。

③蓄积量反演。利用森林覆盖率监测样地点状要素，与第五次森林资源规划设计调查面状要素进行空间叠加运算，传递属性数据，将属性因子规范化处理后形成预测样本，将预测样本代入训练完成的随机森林模型后即可获得预测结果。随机森林计算过程示意图见图 4–36。

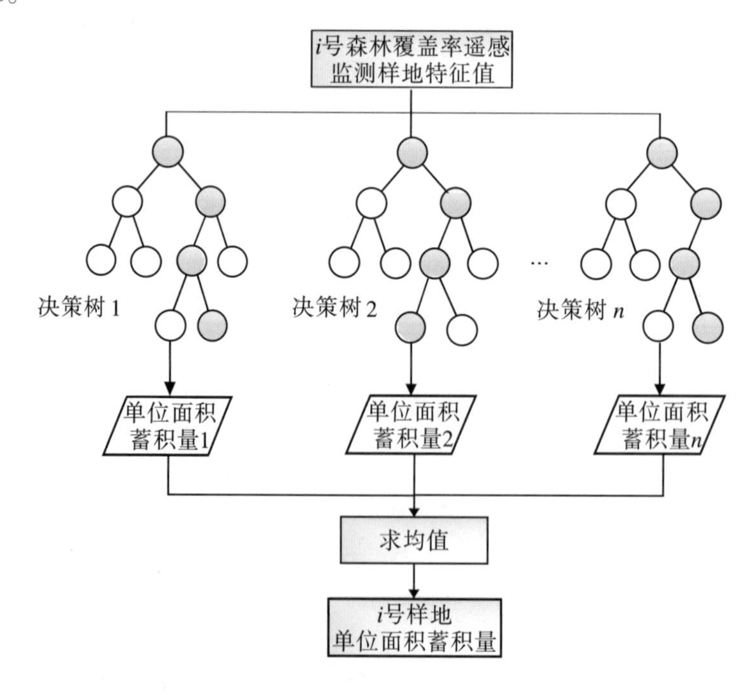

图 4–36 随机森林计算过程示意图

将第 i 号森林覆盖率遥感监测样地特征值代入对应随机森林模型，每棵决策树得出一个单位面积蓄积量，对所有决策树的结果取均值，即得到 i 号样地单位面积蓄积量。以此类推，各点单位面积蓄积量乘以各点所属县域范围样点代表面积，按统计单位汇总求和，即可获得相应的蓄积总量。

4.3.2 相似森林类型蓄积量估测法

（1）基本原理

基于广西第九次森林资源连续清查，采用分层抽样的思想，将固定样地调查数据按照多个特征划类分层，增大各层内部样本之间的共性，增大各层的差异性，从而构建更具有代表性的子层数据样本，求得每层森林类型平均单位面积蓄积量，形成相近森林类型数据，汇总估测地区每种森林类型的面积与单位面积蓄积量的乘积，即可获得该地区总蓄积量。

（2）类型构建

将第九次森林资源连续清查数据中的 4 946 个样地按照土地权属、树种类型、龄组、气候带划分子层，并逐层计算平均公顷蓄积量，形成典型子层。

土地权属特征分为国有、集体 2 种；

树种类型特征分为杉木类、松树类、桉树类、其他阔叶类 4 种；

龄组特征分为幼龄林、中龄林、近熟林、成过熟林 4 种；

气候带特征分为北热带、中亚热带、南亚热带 3 个。

理论特征子层共计 96 个，由于部分子层样点不足，进行权属及气候带特征合并，共构建典型子层 80 个。

4.3.3 森林蓄积逐级控制

（1）市县级蓄积分项控制

将更新后的森林资源面状数据按县统计，与随机森林反演、相似森林类型计算的县级蓄积量进行对比分析，求相对偏差，并从大到小进行排序。

若 3 种方法得出的蓄积量结果值稳定，相对偏差小于阈值，则采用更新后的蓄积量；否则，进行平差控制，降低差异。

最后，按市汇总控制后的总蓄积量并反馈给市级控制单元。若两者差异较大，再按相对偏差从大到小进行县蓄积调控；若差异满足要求，则市县级蓄积调控结束。

（2）广西蓄积总量控制

在市县级蓄积分项控制后，将调控结果汇总至区级控制单元，利用区级抽样控制调查产出的广西蓄积总量作为区级蓄积总体控制目标，根据反馈的调控结果，决定是否需要进行再次调控，直至数据衔接成功。

4.4 森林资源储量计量模型

林业数表是调查、监测、计量和评价森林资源的“度量衡”，是森林资源及其生态状况动态监测、森林资源经营利用、森林资源资产化管理以及多效益评估评价的基本工具。1974 年，广西编制了涵盖主要树种（组）材积计量模型的《广西森林调查手册》，1987 年编印了新的《森林调查手册》。“十五”以来，各级政府对林业的重视程度不断提高，社会各界对林业的投入不断加大，林业的经营水平不断提高，人工林面积显著增加，与 20 世纪 80 年代同树种比较，森林经营措施、森林生长过程和生长周期、森林质量等均发生了较大变化，因此，有必要开展林业数表修编。

4.4.1 一元材积模型

目前，广西森林资源调查使用的一元材积表，是 20 世纪 70 年代末连续清查体系初建时，根据样地中角规控制检尺样木的实测树高，以适用的二元材积表为基础导算出来的。曾伟生、陈雪峰根据广西一元材积表存在的一些问题，通过采用理查德方程建立树高 – 胸径模型，代入二元材积模型，将 6 个树种拟合 10 个材积方程，并消除分段模型之间衔接处的不统一，优化广西一元材积表。模型的一般形式为

$$V = C_0 \times D^{C_1} \times \left[C_2 \times \left[1 - \exp(-C_3 \times D)\right]^{C_4} \right]^{C_5} \quad 式 4\text{–}4\text{–}1$$

式中，V 为材积；C_0、C_1、C_2、C_3、C_4、C_5、C_6 为模型参数；D 为胸径。

其中，杉木、马尾松分为 2 个类型，类型适用范围请参考文献 [4]。主要树种一元材积模型参数见表 4–7。

表 4–7　主要树种一元材积模型参数表

树种	模型参数					
	C_0	C_1	C_2	C_3	C_4	C_5
杉木 Ⅰ	0.000 058 777	1.969 98	24.472	0.060 127	1.532 6	0.896 46
杉木 Ⅱ	0.000 058 777	1.969 98	22.469	0.042 770	1.053 0	0.896 46

续表

树种	模型参数					
	C_0	C_1	C_2	C_3	C_4	C_5
马尾松Ⅰ	0.000 062 342	1.855 10	31.559	0.031 859	1.205 6	0.956 82
马尾松Ⅱ	0.000 062 342	1.855 10	26.125	0.022 600	0.813 6	0.956 82
云南松	0.000 058 290	1.979 60	29.416	0.035 055	1.396 8	0.907 15
栎类	0.000 052 764	1.882 20	32.249	0.008 906	0.548 5	1.009 30
桉树类	0.000 079 542	1.943 10	22.560	0.086 556	1.254 9	0.739 65
其他阔叶树类	0.000 052 764	1.882 20	34.023	0.012 422	0.655 5	1.009 30

4.4.2 生物量模型

在广西境内，按气候区、林分类型设置标准地，并进行每木调查，在此基础上确定标准木。共选取标准木 333 株，其中杉木 79 株、马尾松 50 株、桉树类 55 株、栎类 69 株（主要壳斗科植物的麻栎、栓皮栎、青冈栎、米锥、大叶栎等）、其他阔叶树类 80 株，采用收获法进行样木生物量测定，建立胸径和树高为自变量的非线性生物量模型，模型结构

$$W = c_1 \times D^{C_2} \times H^{C_3} \qquad \text{式 4-4-2}$$

式中，W 为立木地上部分生物量；D 为胸径；H 为树高；c_1、c_2、c_3 为模型参数。

广西主要树种生物量模型见表 4-8。

表 4-8　广西主要树种生物量模型

树种	模型参数		
	c_1	c_2	c_3
杉木	0.045 31	1.915 02	0.712 02
马尾松	0.060 84	1.897 38	0.747 31
桉树类	0.070 59	2.068 06	0.537 54
栎类	0.065 14	2.261 55	0.454 51
其他阔叶树类	0.062 65	2.072 53	0.607 64

利用有根部生物量测定的样本，分树种建立地上和地下生物量关系模型，其中马尾松地下部分数据过少，参考罗云建收集中国森林的根茎比资料统计。

杉木：

$$W_{地下}=0.215\,5\times W_{地上} \quad 式4\text{-}4\text{-}3$$

马尾松：

$$W_{地下}=0.174\,0\times W_{地上} \quad 式4\text{-}4\text{-}4$$

桉树类：

$$W_{地下}=0.209\,9\times W_{地上} \quad 式4\text{-}4\text{-}5$$

栎类：

$$W_{地下}=0.160\,2\times W_{地上} \quad 式4\text{-}4\text{-}6$$

其他阔叶树类：

$$W_{地下}=0.305\,1\times W_{地上} \quad 式4\text{-}4\text{-}7$$

4.4.3 森林资源储量计量模型研究计划

根据广西森林经营管理的需要来确定研究的林业数表模型类型，包括：

①胸径树高二元材积模型：数表研制的重点，以单株立木为研究对象，研究立木胸径、树高与立木主干材积的关系，研建胸径树高二元材积模型，并以此为基础，编制适用于伐区设计调查（“三类调查”）的二元材积表。

②林分二元胸高形数表：以林分为研究对象，研究林分形数与林分平均高、平均胸径的关系，建立林分二元胸高形数模型，编制相应数表，该数表的有效应用，是森林资源规划设计调查中以可变样圆为理论基础的角规调查法的使用前提。

③削度方程模型（树干曲线模型）、出材率表：研制并利用削度方程，根据不同材种要求进行造材，以削度方程为基础，导出经济材出材率表。

④生长率表：研究材积生长过程曲线模型和林分株数密度变化过程，以此为基础，研究立木材积和林分蓄积生长模型，并编制生长率表。

⑤相对树高曲线模型：相对树高曲线模型在林业调查规划设计中具有很大的应用前景，在保证调查精度的前提下，能大幅度地减少外业工作量和难度。

⑥地径对胸径回归函数模型：研建地径与胸径关系函数模型，以便能根据伐根调查结果计算采伐木的胸径，进而通过测定同类型林分的不同径阶树高，利用二元材积表模型计算采伐木的材积。

参考文献

[1] 曾伟生，陈雪峰 . 论广西一元立木材积表的改进方法 [J]. 中南林业调查规划，2006，25（2）：1-3.

[2] 广西林业勘测设计院 . 森林调查内业用表 [S].1980.

[3] 蔡会德，莫祝平，农胜奇，等 . 广西林业碳汇计量研究 [M]. 南宁：广西科学技术出版社，2018.

[4] 国家林业局中南森林资源监测中心，广西壮族自治区林业局 . 广西壮族自治区森林资源清查第七次复查成果：2000—2005[R].2006.

[5] 白卫国，王祝雄 . 论我国林业数表体系建设 [J]. 林业资源管理，2009（1）：1-7.

[6] 王丹 . 材积表材积对林分蓄积量调查的影响分析 [J]. 林业勘查设计，2006（4）：39-42.

[7] 何美成 . 我国材种出材率表编制技术规程的研究 [J]. 林业资源管理，2004（2）：22-25.

[8] 岑巨延 . 广西桉树人工林二元立木材积动态模型研制 [J]. 华南农业大学学报，2007，28（1）：91-95.

[9] 杨年友，马友平 . 基于遗传算法的 Logistic 模型与 McDill-amateis 模型比较研究 [J]. 湖北民族学院学报，2007（3）：335-337，342.

[10] 李柄凯，黄杏模 . 林业案件处理中材积表应用问题 [J]. 森林公安，2020（1）：17-20.

[11] 骆期邦，曾伟生，贺东北 . 林业数表模型：理论、方法与实践 [M]. 长沙：湖南科学技术出版社，2001.

[12] 黄道年 . 广西杉木立（林）木材积编的编制 [J]. 林业科学，1957（1）：43-53.

[13] 广西林业勘测设计院，广西农学院林学分院 . 森林调查手册 [M]. 南宁：广西人民出版社，1986.

[14] 曾伟生，唐守正 . 立木生物量方程的优度评价和精度分析 [J]. 林业科学，2011，47（11）：106-113.

[15] 曾伟生，骆期邦，贺东北 . 论加权回归与建模 [J]. 林业科学，1999，35（5）：5-11.

[16] 国家林业局 . 一元立木材积表编制技术规程：LY/T 2414—2015[S]. 北京：中国标准出版社，2015.

[17] 国家林业局 . 二元立木材积表编制技术规程：LY/T 2102—2013[S]. 北京：中国标准出版社，2013.

[18] 郑小贤，等 . 长白山森林研究 [M]. 北京：中国林业出版社，2014.

第 5 章　森林生态状况监测研究

5.1 森林生态状况监测背景

森林资源和生态状况综合监测是指在一定时间和空间范围内，利用各种信息采集、处理和分析技术及其他相关技术，对森林生态系统的观察、测定、分析和评价，全面展现监测期间森林资源和生态状况变化，综合揭示各种因素的相互关系和内容变化，为林业和生态文明建设及时提供全面、准确信息服务的技术工作。森林资源监测主要以森林面积和蓄积量指标为主，已建立有较为完备的监测体系，如国家森林资源连续清查体系、森林资源规划设计调查体系等。但随着生态文明建设被纳入“五位一体”总体发展布局，生态文明建设被提高到了一个前所未有的高度，我国林业发展正从木材生产为主向生态文明建设为主进行战略转变。现行以森林面积和蓄积量监测为主要目标的森林资源连续清查体系，已难以适应现代林业建设的信息需求，建立森林资源和生态状况综合监测体系已成为历史发展的必然选择。森林是“地球之肺”，具有固碳释氧、涵养水源、保持水土、维持国土生态安全等作用，是一个开放的生态系统，它与环境发生着密切的相互作用。生态系统长期定位观测与研究是国际上为研究、揭示生态系统的结构与功能变化规律而采用的重要手段，是一种通过在典型自然或人工的生态系统地段建立生态定位观测台站，对生态系统的组成、结构、生物生产力、养分循环、水循环和能量利用等在自然状态或某些人为活动影响下的动态变化格局与过程进行长期监测，阐明生态系统发生、发展、演替的内在机制，生态系统自身的动态平衡以及参与生物地球化学循环过程不可替代的研究方法。本章主要从构建森林生态系统定位观测体系、森林生态站建设与观测实例等方面进行森林生态状况监测研究。

5.2 森林生态系统定位观测体系建设

自工业革命以来，社会经济的飞速发展给全球生态系统造成了日益严重的影响，空气质量下降、土地严重退化、森林面积减少、生物多样性下降、水资源分配不平衡等成为生态环境恶化的典型特征。针对日益严重和恶化的生态环境问题，为了更加科学地管理生态系统，开展多尺度的长期定位观测研究意义十分重大。其主要目的是通过长期的定位观测，从格局－过程－尺度有机结合的角度，研究水分、土壤、气象、生物要素的物质转换和能量流动规律，定量分析不同时空尺度上生态过程演变、转换与耦合机制，建立森林生态环境及其影响机制。依据《国家林业局陆地生态系统定位观测研究网络中长期发展规划（2008—2020 年）》，广西已在不同纬度带的广西猫儿山国家级自然保护区、广西大瑶山国家级自然保护区、弄岗国家级自然保护区内建立了国家级森林生态系统定位观测研究站，完成了国家森林生态系统定位观测研究体系的构建。但因台站少、观测范围窄，观测结果难以满足地方开展绿色核算、工程效益评估等工作需求，迫切需要以国家级森林生态站为骨架，通过科学合理布局，加密不同生态地理分区的森林生态站点，升级改造现有台站，逐步构建起省（区）级森林生态观测研究网络，开展长期定位联网观测研究，为森林可持续经营等提供科学数据支持。

5.2.1 广西森林生态站发展历程与建设现状

广西森林生态系统定位观测研究工作在 1979 年以“广西森林生态系统研究”科技项目开始，由广西农学院林学分院先后在广西境内的中亚热带和南亚热带两个气候带分别按桂北、桂东北、桂东、桂中、桂西北、桂东南、桂西南的分区建立了 7 个定位研究站，重点对森林生态系统中的森林气象、森林水文、森林营养物质循环、森林群落、杉木速生丰产栽培、森林土壤微生物、森林昆虫和鸟兽等进行系统研究，至 1993 年因该项目结题而未继续观测。该项目培养了一大批生态学人才，阐明了广西主要森林类型特征及地理分布格局，研究成果获得广西科技进步奖二等奖。

2008 年，《国家林业局陆地生态系统定位研究网络中长期发展规划（2008—2020 年）》基于广西华东中南亚热带常绿阔叶林及马尾松杉木竹林和华南热带季雨林分布情况，在广西范围内布局了 4 个森林生态站和 1 个城市森林生态站。广西壮族自治区林业局根据此规划积极筹建定位观测研究站，目前已建成了广西漓江源、广西大瑶山、广西友谊关、广西凭祥竹林等 4 个森林生态系统定位观测研究站，并已纳入中国森林生态系统定位观测研究网络中心（CFERN）管理。另外，广西壮族自治区林业科学研究院在国有七坡林场建设了南宁桉树人工林生态定位站，重点研究了桉树人工林的水文效应和生态效应等方面的科学问题。

5.2.2 广西森林生态系统定位观测研究网络布局

5.2.2.1 布局基本原则

（1）区域特色原则

根据不同类型森林生态系统特征，结合现有森林资源分布，以现有国家级森林生态站为基础，科学合理布局监测网络站点，既满足生态地理区划布局需要，也体现地域特征原则。

（2）生态工程导向原则

森林生态系统定位观测研究台站积累的数据与研究成果主要服务绿色核算和林业生态工程建设成效评价等。定位观测研究台站布局要兼顾考虑林业重点生态工程建设、重点生态修复典型区域，将台站建设和生态保护与修复、观测与研究内容结合起来，构建科学合理的定位观测研究网络。

（3）互联共享原则

森林生态系统定位观测研究台站布局应考虑多点联合、多系统组合、多尺度融合，实现多个站点协同监测、研究及观测数据共享，充分发挥一站多能、多目标监测的特点。

（4）可操作性原则

森林生态系统定位观测研究台站布局应考虑能否解决科研设施等建设用地问题，应首选国家级自然保护区、国有林场、国家森林公园、风景名胜区等国有土地和水电路通信等基础条件较好的区域布局建站。

5.2.2.2 分区方法与结果

参照中国典型生态区划方案中的区划指标，包括气温、降水、土壤、地形、植被、生态功能等，结合《广西森林》“三带七区”的森林植被、《广西气候》的“六个气候区、三个少雨区、三个多雨区”、《广西壮族自治区区域地质志》地貌的“六个构造单元”、《广西壮族自治区林业地图集》的“森林资源、生态环境与林业重点生态工程”等专题图，通过空间叠置分析，形成相对均质的 9 个分区：Ⅰ桂北中亚热带山地常绿阔叶林区、Ⅱ桂西北亚热带山原季风常绿阔叶林区、Ⅲ桂中亚热带石山季风常绿阔叶林区、Ⅳ桂中亚热带山地常绿阔叶林区、Ⅴ桂东北亚热带山地常绿阔叶林与马尾松林区、Ⅵ桂东南南亚热带山地丘陵栽培植被林区、Ⅶ桂西南亚热带石山山地丘陵季雨林区、Ⅷ桂南十万大山北热带季雨林区、Ⅸ桂南沿海北热带栽培植被林区。各规划分区涉及范围见图 5-1 和表 5-1。

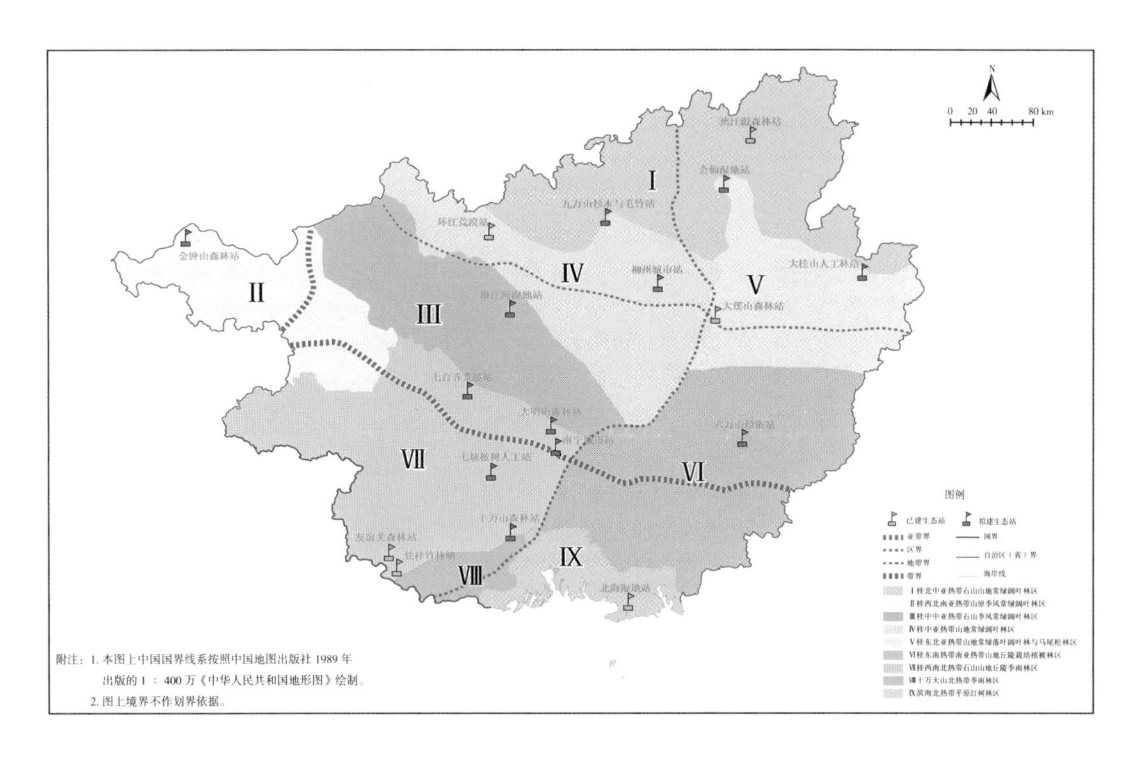

图 5-1　广西生态地理区与森林生态台站布局示意图

表 5-1　广西生态地理区与涉及范围一览表

台站布局规划分区	涉及行政区	涉及的主要保护区
Ⅰ桂北中亚热带山地常绿阔叶林区	三江、龙胜、资源、全州、兴安、灌阳、富川全境；环江、罗城、融水、融安、临桂、永福、灵川、阳朔、恭城、钟山、八步部分辖区	木论、九万山、泗涧山大鲵、元宝山、三锁、花坪、青狮潭、猫儿山、银竹老山、五福宝顶、海洋山、千家峒、银殿山、西岭山、姑婆山
Ⅱ桂西北亚热带山原季风常绿阔叶林区	隆林、西林、田林、右江、田阳全境；凌云、乐业部分辖区	王子山、金钟山、那佐、雅长兰科、岑王老山、泗水河、澄碧河、百东河
Ⅲ桂中亚热带石山季风常绿阔叶林区	凤山、巴马、东兰、都安、大化、马山、上林全境；天峨、乐业、凌云、金城江、武鸣、宾阳、忻城、兴宾部分辖区	龙滩、弄拉、大明山、龙山
Ⅳ桂中亚热带山地常绿阔叶林区	宜州、象州、柳州市区、柳城、柳江、鹿寨、合山全境；南丹、金城江、环江、罗城、忻城、兴宾、宾阳、覃塘、武宣、融水、融安部分辖区	拉沟
Ⅴ桂东北亚热带山地常绿阔叶林与马尾松林区	桂林市区、平乐、荔浦、钟山、金秀、蒙山、昭平全境；阳朔、灵川、恭城、八步、桂平、平南、藤县、苍梧部分辖区	架桥岭、大瑶山、金秀老山、古修、七冲、大桂山鳄蜥、滑水冲

续表

台站布局规划分区	涉及行政区	涉及的主要保护区
Ⅵ桂东南南亚热带山地丘陵栽培植被林区	梧州市区、岑溪、玉林市区、贵港市区、浦北、灵山全境；桂平、武宣、平南、藤县、苍梧、宾阳、横州、钦北、邕宁、青秀部分辖区	大平山、大容山、天堂山、那林
Ⅶ桂西南亚热带石山山地丘陵季雨林区	那坡、德保、靖西、平果、田东、隆安、南宁市区、天等、大新、龙州、江州、凭祥全境；宁明、武鸣、上思部分辖区	老虎跳、底定、地州、邦亮、古龙山、黄连山－兴旺、下雷、恩城、青龙山、弄岗、崇左白头叶猴、达洪江、三十六弄－陇均
Ⅷ桂南十万大山北热带季雨林区	上思、宁明、防城、钦北部分辖区	十万大山、王岗山、防城金花茶
Ⅸ桂南沿海北热带栽培植被林区	东兴、合浦、银海全境；铁山港、钦北、钦南部分辖区	北仑河口、茅尾海、山口、合浦儒艮

5.2.2.3 森林生态系统定位观测研究站布局

根据广西生态地理分区特征，按照布局原则共布设森林生态系统定位观测研究站 15 个，其中：森林生态站 12 个，城市森林生态站 3 个。

（1）森林生态站

共规划建设漓江源、九万山杉木与毛竹、金钟山、大明山、大瑶山、大桂山马尾松与阔叶树人工林、六万山经济林、爽岛、友谊关、凭祥竹林、南宁桉树林、十万大山等 12 个森林生态站（表 5–2）。

表 5–2　广西森林生态站建设规划一览表

生态地理区	森林植被区	森林站名称	兼顾监测点	建设地点	备注
Ⅰ桂北中亚热带山地常绿阔叶林区	桂东北山地栲树林杉木林毛竹林区	漓江源森林站	兼顾退耕还林监测点、重点公益林监测点、珠江防护林监测点	猫儿山国家级自然保护区	已建
	桂北石山山地青冈鹅耳枥林栲类林杉木林区	九万山杉木与毛竹站	兼顾珠江防护林监测点	九万山国家级自然保护区	新建
Ⅱ桂西北亚热带山原季风常绿阔叶林区	桂西北山原西部落叶栎林细叶云南松林区	金钟山森林站	兼顾退耕还林监测点、重点公益林监测点、珠江防护林监测点	金钟山黑颈长尾雉国家级自然保护区	新建

续表

生态地理区	森林植被区	森林站名称	兼顾监测点	建设地点	备注
Ⅲ桂中亚热带石山季风常绿阔叶林区	桂中石山青冈仪花青檀林区	大明山森林站	兼顾重点公益林监测点	大明山国家级自然保护区	新建
Ⅴ桂东北亚热带山地常绿阔叶林与马尾松林区	桂东山地丘陵刺栲厚壳桂林马尾松林区	大瑶山森林站	兼顾重点公益林监测点	大瑶山国家级自然保护区	已建
	桂东北山地栲树林杉木林毛竹林区	大桂山马尾松与阔叶树人工林站	兼顾人工林监测点	大桂山鳄蜥国家级自然保护区	新建
Ⅵ桂东南南亚热带山地丘陵栽培植被林区	桂东山地丘陵刺栲厚壳桂林马尾松林区	六万山经济林站	兼顾人工林监测点	国有六万林场	新建
	桂东山地丘陵刺栲厚壳桂林马尾松林区	爽岛森林站	兼顾珠江防护林监测点、人工林监测点	爽岛国家森林公园	新建
Ⅶ桂西南亚热带石山山地丘陵季雨林区	桂西南石山山地丘陵蚬木林八角林区	友谊关森林站	兼顾人工林监测点	弄岗国家级自然保护区	已建
	桂西南石山山地丘陵蚬木林八角林区	凭祥竹林站	兼顾人工林监测点	中国林业科学研究院热带林业实验中心	已建
	桂西南石山山地丘陵蚬木林八角林区	南宁桉树林站	兼顾珠江防护林监测点	国有七坡林场	已建
Ⅷ桂南十万大山北热带季雨林区	桂西南石山山地丘陵蚬木林八角林区	十万大山森林站	重点公益林监测点、珠江防护林监测点、沿海防护林监测点	十万大山国家级自然保护区	新建

漓江源森林站　地处桂北中亚热带山地常绿阔叶林区，代表植被类型有亚热带常绿阔叶林，属广西生物多样性优先保护区——桂北南岭地区，生物多样性丰富，主要保护物种有伯乐树、南方红豆杉、白颈长尾雉等，是漓江水域的发源地。台站属全国生态功能区划的重点南岭山地（广西桂林、贺州）水源涵养与生物多样性保护重要区，是流域跨省联网观测的重要台站成员；区域内重点公益林、退耕还林、珠江防护林体系建设工程等重点林业生态工程分布面积广，拟按照一站多点、涵盖类型多样的原则进行升级改造，同时兼顾重点公益林、退耕还林、珠江防护林等重点工程监测点。

九万山杉木与毛竹站　地处桂北中亚热带山地常绿阔叶林区，代表植被类型有中亚热带典型常绿阔叶林、杉木人工林、毛竹等，主要保护物种有南方红豆杉、伯乐树、合柱金莲木、福建柏等重点保护植物和蟒蛇、林麝、熊猴、豹、白眉山鹧鸪等重点保护动物，是广西植物特有现象中心，属广西生物多样性优先保护区——九万山区。台站以杉木和毛竹人工林为监测重点，监测区除了是广西的杉木和毛竹种植代表区域，还是实施珠江流域防护林体系建设工程的重点区域，台站同时兼顾珠江防护林监测点。

金钟山森林站 地处桂西北亚热带山原季风常绿阔叶林区，代表植被类型有暖性针叶林、暖性落叶阔叶林、常绿落叶阔叶混交林等，主要保护物种有贵州苏铁、伯乐树、中华桫椤、黑颈长尾雉等，属广西生物多样性优先保护区——桂西山原区。台站规划布局区域是重点公益林、退耕还林、珠江流域防护林体系建设工程等重点林业生态工程实施的重点区域，按照一站多点、涵盖类型多样的原则，同时兼顾重点公益林、退耕还林、珠江防护林等重点工程监测点。

大明山森林站 地处桂中亚热带石山季风常绿阔叶林区，代表植被类型有南亚热带季风常绿阔叶林，主要保护物种有伯乐树、熊猴、林麝等，属广西生物多样性优先保护区——大明山区。台站规划布局区域是重点公益林实施的重点区域，按照一站多点、涵盖类型多样的原则，同时兼顾重点公益林监测点。

大瑶山森林站 地处中亚热带与南亚热带过渡地带，属桂东北亚热带山地常绿阔叶林与马尾松林区，代表植被类型有南亚热带常绿阔叶林、典型常绿阔叶林，为广西生物多样性优先保护区；主要保护物种有银杉、瑶山苣苔、鳄蜥等，是广西植物特有现象中心，也是广西研究森林涵养水源的热点地区。台站属全国生态功能区划中的大瑶山地生物多样性保护重要区，是以生物多样性保护、水源涵养和土壤保持为主导的生态调节功能区，在衔接国家重要生态功能区布局的同时可与周边省份森林站形成多领域跨省区的联网观测。台站处于桂中地区重点公益林分布的重点区域，同时兼顾重点公益林监测点。

大桂山马尾松与阔叶树人工林站 地处桂东北亚热带山地常绿阔叶林与马尾松林区，代表植被类型有季风常绿阔叶林、典型常绿阔叶林，主要树种有栲树、栎类等阔叶树和马尾松、杉木等针叶林，主要保护物种为鳄蜥，属广西生物多样性优先保护区——大瑶山大桂山区。台站以人工林马尾松和阔叶林为主要监测对象，规划布局区域属于贺州八步区，是广西桉树种植面积排名第三位的重点区，同时兼顾人工林监测点。

六万山经济林站 地处桂东南南亚热带山地丘陵栽培植被林区，区域范围有大面积的八角林、肉桂等经济林。台站以人工经济林为主要监测对象，规划布局区域属于玉林市，是广西桉树种植面积排名第二位的重点区，同时兼顾人工林监测点。

爽岛森林站 地处桂东南南亚热带山地丘陵栽培植被林区，代表植被类型有南亚热带季风常绿林，主要保护物种有樟树、金毛狗、猕猴等。区域范围除以樟科和壳斗科为代表的天然林外，还有大面积的八角林、肉桂等经济林，竹林、马尾松林、杉木林等用材林。台站以重点公益林为主要监测对象，规划布局区域是人工林种植区和拥有丰富的河流湿地资源，同时兼顾珠江防护林监测点和人工林监测点。

友谊关森林站　地处北热带，属桂西南亚热带石山山地丘陵季雨林区，森林植被分区属桂西南石山山地丘陵蚬木林八角林区，代表植被类型有北热带季雨林、马尾松林等，是广西植物特有现象中心，主要保护物种有蚬木、白头叶猴、黑叶猴等，属广西生物多样性优先保护区——桂西喀斯特山地区。台站以中国林业科学研究院热带林业实验中心为主站点，拥有林木良种研究、优良珍贵树种培育、人工林生态系统服务功能研究等多个领域研究的示范基地，是中国林业科学研究院直属的林业科学实验基地、科技创新基地和科普教育基地，台站结合监测重点与研究实际，同时兼顾广西重点人工林监测点。

凭祥竹林站　地处北热带，低山丘陵地貌，属桂西南亚热带石山山地丘陵季雨林区，是以我国热带、南亚热带地区的麻竹、撑篙竹、吊丝竹、车筒竹等丛生竹林生态系统为主要研究对象的科研平台；该区域也是广西植物特有现象中心，属广西生物多样性优先保护区——桂西喀斯特山地区。台站以竹林为重点研究对象，处于国家规划布局中的南方丛生竹林区，是全国 8 个竹林生态站成员之一，与云南滇南竹林生态站形成联网观测。其主要监测范围在中国林业科学研究院热带林业实验中心内，是重要的人工示范基地，台站同时兼顾人工林监测点。

南宁桉树林站　地处桂西南亚热带石山山地丘陵季雨林区，区域范围内的代表植被类型主要为桉树人工林，主要保护物种有金毛狗等。广西是我国桉树种植的主要区域，南宁是广西桉树种植面积排名第一位的重点区。该台站是除广东湛江桉树林生态站外以桉树为监测重点的补充台站，同时兼顾国际上桉树研究的相关热点问题；监测区还是珠江流域防护林体系建设工程的实施区域，台站也兼顾珠江防护林监测点。

十万大山森林站　地处桂南十万大山北热带季雨林区，代表植被类型有北热带季雨林，主要保护物种有狭叶坡垒、豹等，属广西生物多样性优先保护区——十万大山区。台站规划布局区域是重点公益林、沿海防护林体系建设工程、珠江流域防护林体系建设工程等重点林业生态工程实施的重点区域，同时兼顾重点公益林、珠江防护林、沿海防护林等监测点。

（2）城市森林生态站

共规划建设南宁、柳州、桂林 3 个城市森林生态站（表 5–3）。

表 5-3　广西城市森林生态站建设规划一览表

城市类型	生态站名称	主要特征	生态地理区	建设地点	备注
省会城市	南宁城市森林生态站	城市森林与湿地生态系统的污染净化、休闲游憩、科普教育等服务功能	Ⅶ桂西南亚热带石山山地丘陵季雨林区	青秀山风景名胜区	新建
工业城市	柳州城市森林生态站	城市森林与湿地生态系统对工业废物的净化与吸收功能，以及植物的抗污染性	Ⅳ桂中亚热带山地常绿阔叶林区	广西生态职业技术学院附属沙塘林场	新建
旅游城市	桂林城市森林生态站	城市森林与湿地生态系统对居民、游客提供的舒适性和服务功能	Ⅰ桂北中亚热带山地常绿阔叶林区	桂林植物园	新建

南宁城市森林生态站　规划建站地址为青秀山风景名胜区内。南宁市地处南热带，是广西首府及广西政治、经济、文化中心，也是环北部湾沿岸重要经济中心，有毗邻粤港澳，背靠大西南，面向东南亚之区位优势。市区内绿树成荫，有“绿城”之称，常见绿化树种有大王椰、棕榈、扁桃、大花紫薇、美丽异木棉、人面子、小叶榕、番叶榕、黄金榕、吊钟花、红绒球、三角梅、苹婆、七彩朱槿、仪花等。生态地理区为桂西南亚热带石山山地丘陵季雨林区，代表植被类型有南亚热带季风常绿阔叶林，主要保护物种有苏铁、见血封喉、兰花等。

柳州城市森林生态站　规划建站地址为广西生态职业技术学院附属沙塘林场内。柳州市地处南亚热带，是广西最大的工业城市，2004 年之前有中国“酸雨之都”之称，现已建成以汽车、机械、冶金为支柱产业，制药、化工、造纸、制糖、建材、纺织等传统产业并存的现代工业体系。市区内绿化植物以榕树、阴香、羊蹄甲、重阳木、夹竹桃、蝴蝶果、香樟、台湾相思、刺桐、竹柏、秋枫等抗污染性强的常绿落叶阔叶树种为主，野生零星分布的树种有构树、榆树、朴树、香椿、乌桕等，石山植被则以石山常绿落叶树种和石山灌丛为主。生态地理区为桂中亚热带山地常绿阔叶林区，代表植被类型有桉树林、马尾松林、石山常绿阔叶林等。

桂林城市森林生态站　规划建站地址为桂林植物园内。桂林市地处中亚热带，是重要的国际旅游区，有“桂林山水甲天下”之称，具有洞奇、水秀、山清、石美之特点；市区内植被有人工栽植的桂花、荷花玉兰、樟树、阴香、榕树、红花羊蹄甲、银杏、枫香等常绿落叶阔叶树种，野生零星分布的树种以构树、苦楝、枫杨、朴树、乌桕等为主，石山植被则以石灰岩落叶阔叶林和石山灌丛为主。生态地理区为桂北中亚热带山地常绿阔叶林区，植被类型有暖性石山灌丛、枫杨林等，主要保护物种有白琵鹭、鸳鸯、水獭、虎纹蛙等。

5.2.2.4 森林生态系统定位观测研究站布局特点

规划建设的 2 类 15 个森林生态站，其布局涵盖了针叶林、针阔混交林、落叶阔叶林、常绿落叶阔叶混交林、常绿阔叶林、季节性雨林、热带季雨林、竹林等多种森林类型和城市森林；衔接了国家林业和草原局国家陆地生态系统定位观测研究站网络（CTERN）规划布局、全国生态功能区划布局、广西主体功能规划布局等功能区定位，结合各森林生态站观测目标和任务的实际，形成纵向以国家台站为重点、地方台站为补充的联网观测布局；同时兼顾了广西重点林业生态工程生态效益监测。广西森林生态系统定位观测研究站布局见 5.2.2.2 小节中的图 5–1。

5.3 森林生态站建设与观测——以大瑶山森林生态站为例

广西大瑶山地理位置为东经 110° 01′ ～ 110° 22′，北纬 23° 52′ ～ 24° 22′，主体部分坐落于来宾市金秀瑶族自治县，地处中亚热带与南亚热带过渡地带，生态区位重要，生态系统具有典型的代表性和特殊性，是华南乃至全国不可多得的生物基因库。

大瑶山森林生态站坐落在大瑶山国家级自然保护区内，以中亚热带典型常绿阔叶林、中山针阔混交林、季风常绿阔叶林等为重点研究对象，通过开展森林气象、水文、土壤及生物多样性等长期连续定位观测与研究，获得科学有效的监测数据，为解答科学问题、完善森林生态效益补偿机制提供科学依据，为开展生态系统服务功能评估、灾害损失评估、生态恢复及生物多样性保护等提供基础数据，为政府和决策者进行有关环境保护、自然资源管理、持续发展以及应对全球气候变化决策提供依据。

5.3.1 森林生态站建设

5.3.1.1 建设流程

大瑶山森林生态站建设项目从 2008 年开始，至 2017 年试运行，2021 年正式进入运行阶段，历经项目申报、批复、建设、试运行、竣工验收、正式运行阶段。项目建设流程见图 5–2。

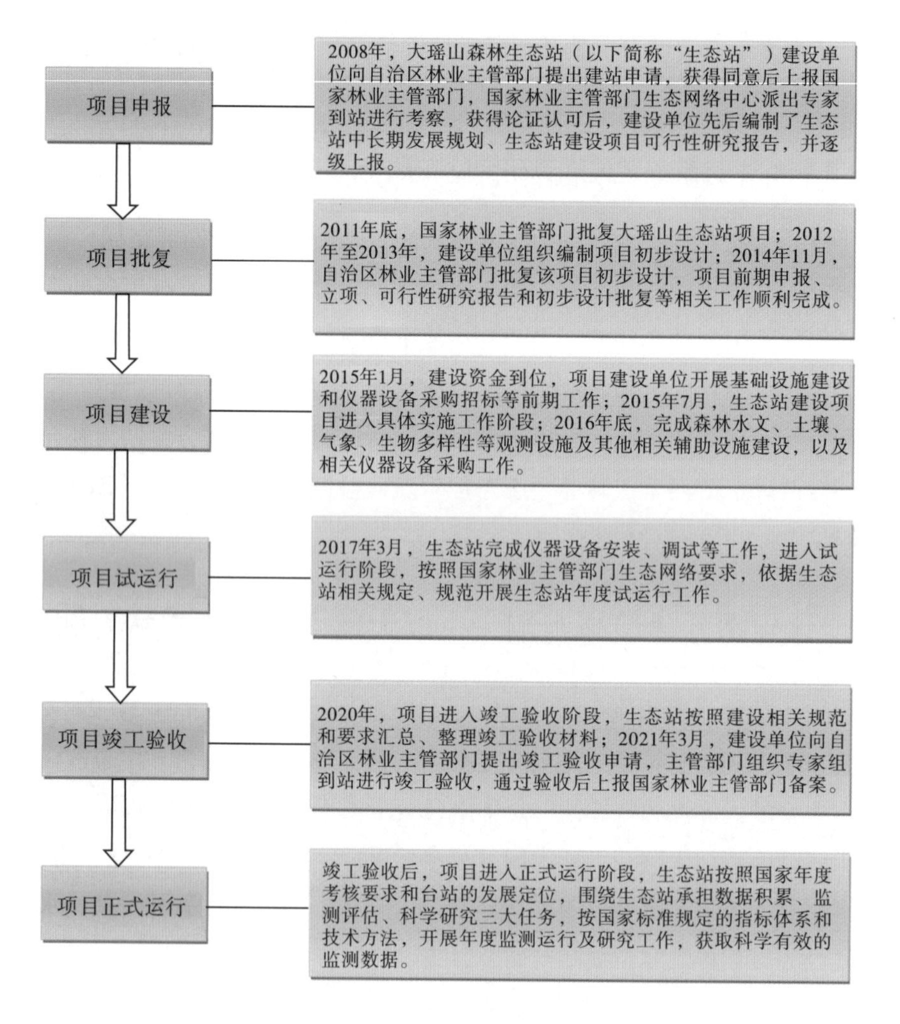

图 5-2　项目建设流程图

5.3.1.2 建设目标

立足大瑶山森林生态站科研现状与基础条件，以长期定位观测和科学研究为宗旨，以生态学理论为指导，以人才支撑和规范管理为保障，将大瑶山森林生态站建成条件完备、机制完善、特色鲜明、研究水平一流、合作开放的，集长期观测、科学研究、教学科普宣传、生态社会服务和决策支持为一体的综合性试验平台；建立创新能力突出、达到国内先进水平的森林生态系统野外观测与研究的数字化平台，服务于林业生态工程建设，满足林业发展和生态建设的需求，能回答生态环境与林业建设过程中重大科学问题的野外观测站。

5.3.1.3 建设布局

大瑶山森林生态站建设采用“一站两点”布局，主站点设在大瑶山自然保护区的银杉站，辅助站点设在大瑶山自然保护区的圣堂山保护站。项目一期以主站点银杉站观测区建设为主，观测流域总面积 158.5 hm^2，其中嵌套式流域面积 38.5 hm^2。各建设设施布局中，综合实验楼和地面气象站建设在距观测流域约 1 km 处；1 号测流堰和 2 号测流堰分别布设在观测总流域和嵌套流域出口处；6 处地表径流场和 1 处水量平衡场分别在观测流域内西北、东南、东西坡向的坡面依次布设；气象综合观测塔在东南坡向、海拔约 1 300 m 处布设；6 hm^2 大样地在东南坡向。大瑶山森林生态站主站点建设布局示意图见图 5–3。

图 5–3　大瑶山森林生态站主站点建设布局示意图

5.3.1.4 建设内容

（1）基础设施建设

基础设施建设主要包括水文设施（如测流堰、地表径流场、水量平衡场）、气象设施（如地面气象观测场、气象综合观测塔）、生物多样地观测设施（如森林群落监测样地、不同海拔梯度监测样地）、基础设施（如综合实验楼）。

测流堰　生态站设有测流堰 2 座，根据集水区面积和流量大小，1 号测流堰设计采用平坦 V 型堰，2 号测流堰（嵌套式）设计采用矩形薄壁堰。通过对森林配对集水区和嵌套流域降水量、径流量、产沙量、地下水等野外系统观测，分析研究森林植被分布格局、土地利用、水土保持措施等因素对径流过程的影响，同时利用所得到的观测数据建立森林流域水文模型，为研究森林植被变化对水分的分配和径流的调节提供基础数据。

地表径流场 生态站设有地表径流场6处，根据不同林分、坡向、坡位及观测要求布设，规格为5 m×20 m，径流场的长边垂直于等高线，短边平行于等高线，四周用水泥砖墙围砌，高出地面10 cm，地下部分30 cm，径流场下部建封闭的集水槽，安装导流管接入观测池，观测池进水口与翻斗式流量计装置相连，通过导管流向翻斗式流量计测径流量。用于研究不同林分类型地表径流，揭示森林涵养水源的功能。

水量平衡场 生态站设有水量平衡场1处，规格为5 m×20 m，地上部分形状、结构、尺寸与坡面径流场相类似，四周用混凝土筑隔水墙直插入不透水层、地面上高出25 cm，地表水和地下水的集水槽分开装置，分别安装导流管接入观测池，地表水和地下水的进水口与翻斗式流量计装置相连测其径流量。同时，观测场内相应布设穿透降水量观测、树干径流量观测等森林降水量再分配观测仪器。长期定位监测地表径流、壤中流、基流及森林降水量再分配相关指标等，通过定量研究林冠截留率、凋落物蓄水能力、土壤的渗透和蓄水能力，对森林生态系统不同层次水量空间分配格局及水量平衡进行分析，揭示森林生态系统水文要素的时空规律，为研究森林植被变化对水分的分配和径流的调节提供基础数据。

地面气象观测场 生态站设有地面气象站1座，地面气象观测场建设在综合实验楼对面，观测场面积应为25 m（南北向）×25 m（东西向），受山地环境影响，观测场规格设置为20 m×16 m，采用的自动气象站系统是一种集气象数据采集、存储、传输和管理于一体的无人值守的气象采集系统。通过对常规气象因子进行系统、连续观测获得具有代表性、准确性和比较性的林区气象资料，了解典型区域气象因子的变化规律，为研究森林对气象的响应提供基础数据。

气象综合观测塔 生态站设有气象综合观测塔1座，坐落在常绿阔叶林林分内，观测塔高度最低≥1.5倍树高，综合观测塔周边的树木最高约为23 m，设计综合观测塔高度为35 m，采用钢桁架结构，塔基为独立柱基础。观测内容按地上4层和地下4层观测森林小气候要素，地上4层为冠层上3 m、冠层中部、距地面1.5 m和地被层，地下4层为地面以下10 cm、20 cm、30cm、40 cm。通过对典型森林生态系统不同层级的风速、气温、辐射、湿度、气压、降水以及土温等因子进行长期、连续观测，了解林内气候因子梯度分布特征及不同森林植被类型的小气候差异，揭示各种类型小气候的形成过程中的特征及其变化规律，为研究下垫面的小气候效应及其对森林生态系统的影响提供数据支持。

森林群落监测样地 生态站设有6 hm^2固定样地1处，规格为200 m×300 m。固定样地的建立的目的是了解典型森林生态系统内共同生存的大量物种及植被的动态变化过程，揭示其生物群落的动态变化规律，为深入研究森林生态系统的结构与功能、森林可持续利用的途径和方法提供数据服务。

不同海拔梯度监测样地　生态站在大瑶山不同海拔梯度设有固定样地 15 处，规格为 30 m × 30 m，开展不同海拔梯度上 5 种典型森林生态系统结构与功能对比，研究分析生态系统中植物群落物种组成、群落结构及树种多样性的垂直分布格局，并对植物碳氮现存量进行估算，以期从较大尺度上深入了解不同海拔梯度上 5 种典型森林的群落结构及其功能性状特征，为进一步揭示森林生态系统生物群落的动态变化规律，研究森林生态系统的结构与功能、森林可持续利用的途径和方法等提供数据支持。

综合实验楼　生态站设有综合实验楼 1 栋，建筑面积为 412 m^2，交通、水电、网络等基础设施完善。综合实验楼主要功能包括实验测试、野外采集样品存储、数字化台站设备存放、学术交流等，是研究人员开展长期科研活动的场所。通过综合实验楼及相关附属设施的建设，形成配套设施完善的综合实验基地，使科研活动能够长期地进行。生态站基础设施见图 5–4。

（a）水文设施：平坦 V 型测流堰

（b）水文设施：矩形薄壁测流堰

（c）水文设施：地表径流场

（d）水文设施：水量平衡场

（e）气象设施：地面气象站

（f）气象设施：梯度气象综合观测塔

（g）生物多样性观测设施：森林群落监测样地

（h）基础设施：综合实验楼

图 5-4　生态站基础设施

（2）仪器设备配置

仪器设备配置主要包括森林水文、土壤、气象、生物多样性等观测仪器，以及实验室常用分析仪器和无线传输设备等。生态站观测主要仪器设备见图 5-5、表 5-4。

（a）自动水位传感器

（b）翻斗式雨量计

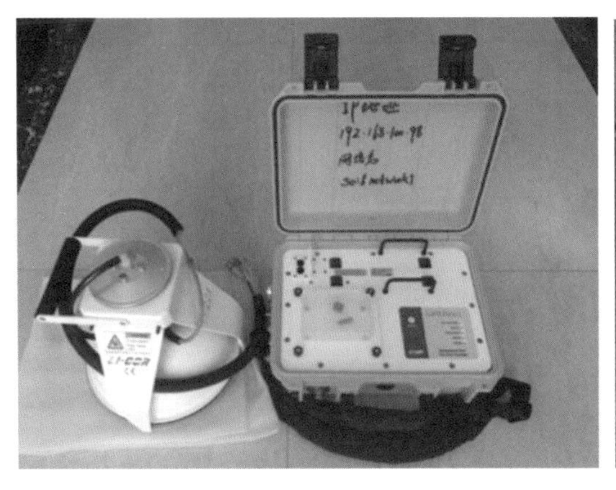

（c）土壤碳通量自动分析仪

（d）ECH_2O 土壤含水量监测系统

（e）负离子监测仪

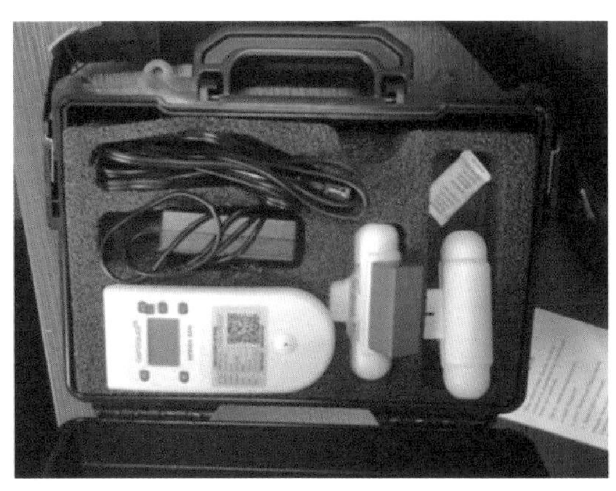

（f）多参数气体监测仪

（g）水质分析仪

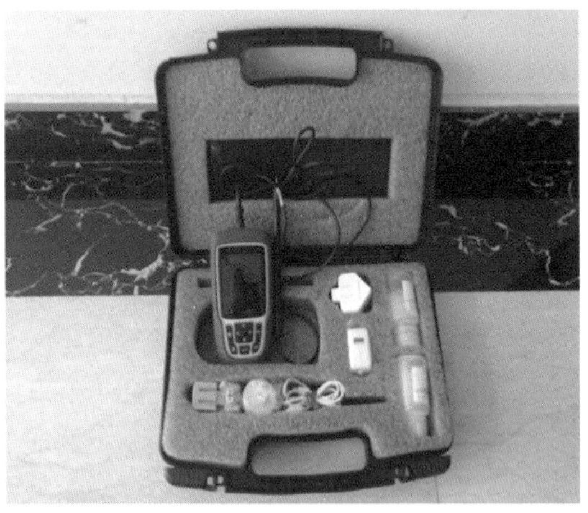

（h）土壤原位 pH 计

图 5-5　生态站观测主要仪器设备

表 5-4 生态站观测主要仪器设备表

类型	仪器名称	生产厂家	备注
水文观测仪器设备	自动水位记录仪	Campbell-CS451	配备无线传输
	降水分配监测系统	美国 ONSET	配备无线传输
	翻斗式雨量计	点将 QT-D	配备无线传输
	人工降雨设备	南林 NLJY-09-4	
土壤观测仪器设备	土壤碳通量自动分析仪	LI-COR（LI-8100A）	
	ECH_2O 土壤含水量监测系统	Decagon-ECH_2O	
	土壤原位 pH 计	Spectrum-PH600	
气象观测仪器设备	森林小气候梯度观测系统	Campbell-CR3000	配备无线传输
	标准自动气象站	Campbell-FM1000	配备无线传输
	便捷式大气负离子测定仪	NT-C101A	
	负离子监测仪	COM-3600F	配备无线传输
	多参数气体分析仪	Aeroqual-s500	
	干、湿沉降分析仪	ZR-3902	
	污染物气体在线监测系统	天航智远 ZC300	
生物多样性观测仪器设备	插针式热耗散植物茎流计	Ecomatik-SF-L	配备无线传输
	植物冠层分析仪	LI-COR（LAI-2200C）	
实验室常用测定仪器	水质分析仪	默克 PV300	
	BOD 分析仪器	聚创 JC-870H BOD5	
	加热消解器	默克 TR320	
	培养箱	聚创 LRH-250A	
	生物显微镜	美国星特朗	
	高精度电子天平		
其他常用测定仪器	烘箱、冰箱、土壤筛、便捷式 pH 计、生长锥、森林罗盘仪、全站仪、激光测距仪、数据采集及无线传输设备等		

5.3.2 定位观测主要指标

大瑶山森林生态站以中亚热带向南亚热带过渡的常绿阔叶林生态系统为主要研究对

象，主要研究森林生态系统结构与功能、过渡地带的环境要素对森林生态系统的影响、大瑶山与南岭山地边缘生物多样性的形成与维持机制、森林生态系统服务功能等内容，重点解决生态修复和生物多样性保护、流域森林生态效益补偿机制、气候变化对森林生态系统的影响与响应机制、固碳释氧与碳中和、林业工程效益评估、森林植被与森林康养调节关系等科学问题。

大瑶山森林生态站定位观测，主要按照《森林生态系统长期定位观测指标体系》（GB/T 35377—2017）和《森林生态系统长期定位观测方法》（GB/T 33027—2016）等标准、规范开展，包括森林气象、土壤、水文、群落学特征以及森林生态系统的健康与可持续发展等 5 个方面的 21 项指标类别。主要观测指标见表 5–5。

表 5–5　主要观测指标表

指标体系	指标类别	观测指标	单位	观测频度
气象常规观测指标	天气现象	气压	Pa	每小时 1 次
	风	10 m 处风速	m/s	每小时 1 次
		10 m 处风向	（°）	每小时 1 次
	空气温度	最低温度	℃	由定时值获取
		最高温度	℃	由定时值获取
		定时温度	℃	每小时 1 次
	地表面和不同深度土壤的温度	地表定时温度	℃	每小时 1 次
		地表最低温度	℃	由定时值获取
		地表最高温度	℃	由定时值获取
		10 cm 深度地温	℃	每小时 1 次
		20 cm 深度地温	℃	每小时 1 次
		30 cm 深度地温	℃	每小时 1 次
		40 cm 深度地温	℃	每小时 1 次
	空气湿度	相对湿度	%	每小时 1 次
	辐射	总辐射量	W/m^2	每小时 1 次
		日照时数	h	每小时 1 次
		光合有效辐射	$\mu mol/(m^2 \cdot s)$	每小时 1 次

续表

指标体系	指标类别	观测指标	单位	观测频度
气象常规观测指标	大气降水	降水量	mm/h	每小时 1 次
	水面蒸发	蒸发量	mm/h	每小时 1 次
	空气质量	空气负离子	个 /cm^3	每小时 1 次
		$PM_{2.5}$、PM_{10} 等颗粒物浓度	μg/m^3	每小时 1 次
森林土壤理化指标	森林枯落物	厚度	mm	每年 1 次（3～5 月）
	土壤物理性质	土壤颗粒组成	%	每 5 年 1 次
		土壤容重	g/cm^3	每 5 年 1 次
		土壤总孔隙度、毛管孔隙及非毛管孔隙	%	每 5 年 1 次
	土壤化学性质	土壤 pH 值		每年 1 次（3～5 月）
		土壤有机质	%	每 5 年 1 次
		土壤全氮	%，mg/kg	
		水解氮、亚硝态氮		
		土壤全磷		
		有效磷		
		土壤全钾		
		速效钾、缓效钾		
森林水文指标	水量	林内穿透雨量	mm	每小时 1 次
		树干径流量	mm	每次降水时观测
		坡面径流量	mm	每日 1 次
		流域径流量	mm	每日 1 次
		地下水位	m	每月 1 次（中旬）
		枯枝落叶层含水量	mm	每月 1 次（中旬）
	水质	水解氮、亚硝态氮、全磷、有效磷、COD、BOD、pH 值、泥沙浓度	除 pH 外，其他 mg/dm^3	每月 1 次（中旬）
森林群落学特征指标	森林群落结构	森林群落的年龄	a	每 5 年 1 次
		森林群落的起源		
		森林群落的平均树高	m	
		森林群落的平均胸径	cm	
		森林群落的密度	株 /hm^2	

续表

指标体系	指标类别	观测指标	单位	观测频度
森林群落学特征指标	森林群落结构	森林群落的树种组成		每5年1次
		森林群落的动植物种类数量		
		森林群落的郁闭度		
		森林群落主林层的叶面积指数		
		林下植被（亚乔木、灌木、草本）平均高	m	
		林下植被总盖度	%	
	森林群落乔木层生物量和林木生长量	树高年生长量	m	每5年1次
		胸径年生长量	cm	
		乔木层各器官（干、枝、叶、果、花、根）生物量	kg/hm^2	
		灌木层、草本层地上和地下部分生物量	kg/hm^2	
	森林凋落物量	林地当年凋落物量	t/hm^2	每5年1次
	森林群落的养分	C，N，P，K	kg/hm^2	每5年1次
	群落的天然更新	包括树种、密度、数量和苗高等	株/hm^2，株，cm	每5年1次
	物候特征	乔灌木物候特征	年/月/日	人工实时观测
		草本物候特征		
森林生态系统的健康与可持续发展指标	生物多样性	国家或地方保护动植物的种类、数量		每5年1次
		地方特有物种的种类、数量		
		动植物编目		

5.3.3 观测成果应用

大瑶山森林生态站根据科技部和国家林业和草原局提出的“监测评估”“数据和资源共享”要求，积极服务广西生态建设和社会发展需求。目前，大瑶山森林生态站长期连续观测数据和相关研究成果数据，已在完善广西森林生态系统服务功能价值评估参数指标体系、开展生态效益评价和生态功能量化评估工作中提供实测数据服务。先后应用监测数据开展了广西森林生态系统服务价值评估、重点生态工程建设评估等工作，为制定林业政策、完善森林生态效益补偿机制以及政府决策等提供重要依据，对加快推进广西生态文明示范区和壮美广西建设起到重要的作用。

参考文献

[1] 肖兴威，等．中国森林资源和生态状况综合监测研究[M]. 北京：中国林业出版社.2007.

[2] 曾伟生，肖前辉．森林生态状况综合指数评价方法探讨[J]. 中南林业调查规划.2008，4（27）：5-8.

[3] 王兵，牛香，陶玉柱，等．森林生态学方法论[M]. 北京：中国林业出版社，2018.

[4] 赵海凤，李仁强，赵芬，等．生态环境大数据发展现状与趋势[J]. 生态科学，2018，37（1）：211-218.

[5] 傅伯杰，刘世梁．长期生态研究中的若干重要问题及趋势[J]. 应用生态学报，2002（4）：476-480.

[6] 郭慧．森林生态系统长期定位观测台站布局体系研究[D]. 北京：中国林业科学研究院，2014.

[7] 李治基．广西森林[M]. 北京：中国林业出版社，2001.

[8] 广西壮族自治区气候中心．广西气候[M]. 北京：气象出版社，2007.

[9] 广西壮族自治区地质矿产局．广西壮族自治区区域地质志[M]. 北京：地质出版社，1985.

[10] 广西壮族自治区地图院．广西壮族自治区林业地图集[M]. 长沙：湖南地图出版社，2013.

[11] 国家林业局．林业固定资产投资建设项目管理办法：国家林业局令第36号[Z]. 2015-03-31.

[12] 国家林业和草原局．森林生态系统长期定位观测研究站建设规范：GB/T 40053—2021[S]. 北京：中国标准出版社，2021：3-58.

[13] 国家林业局．森林生态系统长期定位观测指标体系：GB/T 35377—2017[S]. 北京：中国标准出版社，2018：2-4.

[14] 国家林业局．森林生态系统长期定位观测方法：GB/T 33027—2016[S]. 北京：中国标准出版社，2017：3-7.

[15] 国家林业局．森林生态系统长期定位观测方法：LY/T 1952—2011[S]. 北京：国家林业局，2011：4-121.

第 6 章　森林资源与生态状况耦合研究

6.1 研究背景与系统耦合

长期以来，森林资源调查监测形成自身体系。我国的森林资源调查大体可以分为森林资源连续清查、森林资源规划设计调查和作业设计调查三大类，广义的森林资源调查还包括一些林业专业调查，如生长量调查、立地类型调查等。生态定位站观测是生态监测的主要方法，通过长期连续的观测可以认识生态系统的动态变化过程，目前中国林业已经形成陆地生态系统定位观测网络。遥感技术是对地球生态系统连续观测的新手段，应用遥感技术可监测土地利用与覆盖变化，生态系统的植被指数、净初级生产力、土壤含水量等指标，利用多光谱、高光谱可进行植被分类与制图等。关于资源与生态监测数据的耦合，国内已开展有相关的研究，但其理论与方法仍然存在探索的空间。

系统耦合始源于物理学。在物理学中，耦合是指两个实体相互依赖于对方的一个量度；在软件工程中，耦合是指软件结构中各模块之间相互连接的一种度量。耦合强弱取决于模块间接口的复杂程度、进入或访问一个模块的点以及通过接口的数据。不同模块之间的关系就是耦合。根据耦合程度可以分为内容耦合、公共耦合、外部耦合、控制耦合、标记耦合、数据耦合、非直接耦合等。

森林资源数据与生态数据耦合流程与结构示意图分别见图 6–1、图 6–2。

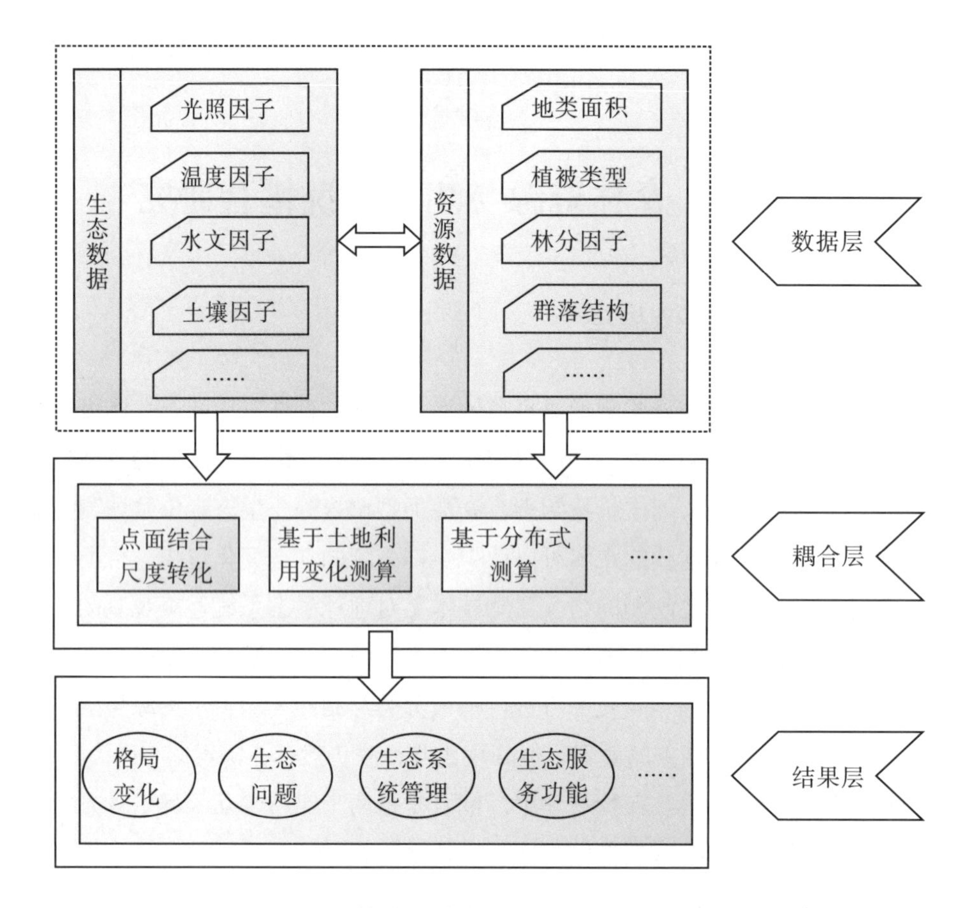

图 6-1　森林资源数据与生态数据耦合流程图

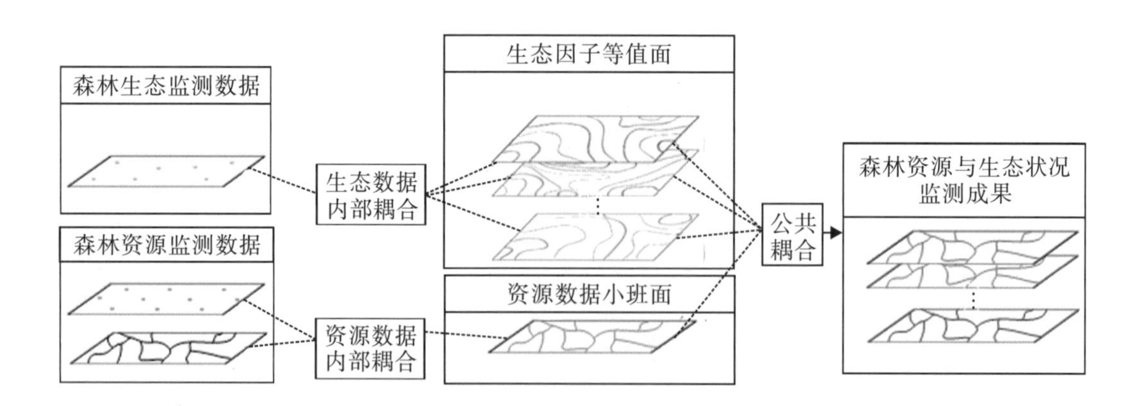

图 6-2　森林资源数据与生态数据耦合结构示意图

6.2 基于抽样统计方法的数据耦合

森林资源储量调查与森林生态定位观测通常为点状监测，储量调查的采样可以是随机布点或者是系统布点的方式。生态定位观测通常是典型取样。两者的一些数据耦合通常是通过材积、生物量、植物碳含量、植物热值等相互关系，采用抽样统计的方法实现。植物热值是指植物单位质量干物质在完全燃烧后所释放出的能量值，它反映了绿色植物通过光合作用固定太阳辐射能的能力及能量贮存，是评价森林生态系统中物质循环和能量转化规律的重要指标，也是能量生态学研究的重要基础。本研究以样地调查数据（不包括灌木层、草本层）估测植物能量累积为例，介绍基于抽样统计的资源与生态数据耦合方法。

6.2.1 热值测定

根据广西森林资源状况，选择杉木、马尾松、湿地松、青冈栎、栓皮栎、槲栎、火力楠、麻栎、马占相思、尾叶桉、西南桦和毛竹等树种，其优势树种组成的森林面积约占广西森林面积的 40%，蓄积量约占广西森林蓄积量的 44%。每个树种选 5 ～ 10 株，伐倒后按叶、枝、干、皮 4 个部分分别取样。

样品经过 85 ℃烘干后取适量用植物粉碎机进行粉碎过筛，再放到 65 ℃的烘箱中烘干至恒重，装入玻璃瓶并放到干燥器中备用。采用国产的 WGR-1 系列热量测定仪进行测试，每个样品测定 2 次，2 次测定值相差不能超过 5‰，否则重新称样测量，结果取 2 次测定的平均值。测试前用烘干的苯甲酸进行标定 5 次以上，结果相差不能大于 5‰，取 5 次测试点的平均值作为热容量。

植物灰分测定采用干灰化法进行测量。称量经过处理的坩埚，记录其重量，然后往坩埚中加入 2 g 左右的经粉碎烘干的样品，并记录样品和坩埚的重量。放入马福炉 550 ℃灰化 6 h，取出放入干燥器中，待坩埚到达室温以后测定重量，并按照以下公式计算去灰分热值：

去灰分热值 = 干重热值 /（1 － 灰分含量）　　式 6-2-1

6.2.2 森林储能估计

应用森林资源连续清查样地资料，采用系统抽样方法估计生物量，并根据植物热值测定结果，分树种计算森林能量积累。

（1）样地能量累积的计算方法

样地内单株样木的材积通过相应生物量模型和热值参数转为该样木的能量，然后累加样地内所有样木能量，就得到样地能量累计值。

$$y_{乔}=\sum_{i=1}^{n}W_i \times P_c \qquad 式6–2–2$$

式中，$y_{乔}$是乔木层的储能总量，W_i是第i株样木的生物量，P_c是相应树种组的植物热值，n为某一样地内样木的总株数。

（2）森林能量累积估计

通过上述方法，分别计算每个样地的能量值，然后采用抽样的方法估计区域森林能量累积。

$$\hat{Y}=\frac{A}{a}\times\frac{1}{n}\sum_{i=1}^{n}y_i \qquad 式6–2–3$$

$$S=\sqrt{\frac{1}{n-1}\sum_{i=1}^{n}(y_i-\overline{y})^2} \qquad 式6–2–4$$

$$\Delta_{\overline{y}}=t_a\times\frac{s}{\sqrt{n}} \qquad 式6–2–5$$

式中，$\hat{Y}$是森林储量的估计值，A为总体面积，a为样地面积，n为样地个数，y_i为第i个样地森林储量，S为总体标准差的估计值，$\Delta_{\overline{y}}$为绝对误差限。

6.3 基于点面转化的数据耦合

6.3.1 泰森多边形分析

传统的森林样地调查在空间表达可以看作一个离散的点数据，在多尺度森林资源与生态状况监测中，通常需要将离散点数据转化为面状数据，泰森多边形分析是解决离散点数据转化为面状数据的有效方法。泰森多边形也称为Voronoi图，设研究区域有n个样本点数据，将样本点按相邻位置连接成三角形，作这些三角形各边的垂直平分线，这些垂直平分线相交汇，每个交汇点是对应三角形的垂心，这些垂直平分线可围成n个多边形，每个多边形都包含一个样本点，这个多边形被称为泰森多边形。其特性是每个泰森多边形内仅含有一个离散点数据；泰森多边形内的点到相应离散点的距离最近；位于泰森多边形边上的点到其两边的离散点的距离相等。泰森多边形无歧义地描述了空间对象的相对邻近关系，每个分区分别属于一个发生元素，并且分区内的点到该发生元素的距离比到其他元素距离近，故而成了地理信息系统基础理论与算法中的重要内容，在空间邻近查询、分析及专题制图等方面有重要的应用。泰森多边形是基于几何方式的插值方法，适合具有一定数量和分布的离散数据制图。但通常生态监测样点数过少，图面往往显得粗糙，为了更加详细地反映资源生态状况，在建立泰森多边形之前可利用异源数据进行加密（比如遥感判读数据、系统抽样控制点、小班内点或质心等），异源数据的空间地理位置可以是不规则的。

6.3.2 空间插值

插值是离散数据连续化的重要手段，该方法通过离散样本点的实测目标值，估算出其他位置的近似目标值。空间插值常用于将离散点的测量数据转换为连续的数据曲面，以便与其他空间现象的分布模式进行比较，其基础是空间内分布的对象具有空间相关性，即空间内彼此接近的对象往往具有相似的特征。利用空间插值法，可以根据少量地理位置的实测数据（如气温、高程、降水、太阳辐射等）预测相近地理位置数据的未知值。

空间插值的方法分为确定性法和地统计法两种。确定性法根据相似程度或平滑程度使用测量点创建测量表面，确定性插值方法可以划分为两类：全局方法和局部方法。全局方法使用整个数据集计算预测值，局部方法由邻域内的测量点计算预测值，其中，邻域是指位于较大研究区域内的较小空间区域。地统计插值法则先对测量点之间的空间自相关进行量化，并考虑预测位置周围采样点的空间配置，利用测量点的统计属性进行值预测。

以生态定位观测为例，在地理空间上，越接近定位站的位置，其生态状况与定位站相似的可能性越大；在特征空间上，待测区域的森林资源状况、地形因子、气候因子与生态定位站所处区域的因子越相似，其生态状况与定位站相似的可能性越大。因此可以基于地统计分析、特征统计分析对定位站的观测数据进行空间插值，将观测尺度由点转化为面，从而获取生态因子趋势面。

6.3.3 结合 DEM 的生态因子空间分布模拟

根据生态站点的实测资料，采用一定的空间插值方法直接进行生态因子分布，该方法虽然简便，但前提是用于插值的点必须尽量多且均匀分布。数字高程模型（DEM）具有地理坐标、高程，也可以表达为经纬度与海拔的空间关系。数字高程模型有多种用途，如提取地形因子、日照模拟、土壤侵蚀模拟等。由于受地带性规律的影响，故结合DEM、生态因子观测值（如气温、降水等）与经度、纬度、海拔、地形等关键因子，采用回归分析法对气候资源与地理因子进行回归分析，建立气候资源随地理因子变化的气候空间分布模型。计算公式如下：

$$Y = f(\varphi, \lambda, h, \theta, \beta) + \varepsilon \qquad 式6\text{-}3\text{-}1$$

$$\varepsilon = Y(t) - f(\varphi, \lambda, h, \theta, \beta) \qquad 式6\text{-}3\text{-}2$$

式中，Y 为气候资源，φ、λ、h、θ、β 分别代表纬度、经度、海拔高度、坡度、坡向等地理因子，函数 $f(\varphi,\lambda,h,\theta,\beta)$ 为气候学方程，$Y(t)$ 为气象站点观测值，ε 为地理残差，即气象站点观测值与模拟值之差。

基于 1971—2020 年广西 90 个气象站点观测资料，利用地理信息系统（GIS）与气候学方程，分别构建广西年、月、季的降水量、气温、日照时数、相对湿度等气候资源空间分布模型。广西降水量、气温、日照时数、相对湿度空间分布模型分别见表 6–1 至表 6–4。

表 6–1　广西降水量空间分布模型

时间	降水量空间分布模型	复相关系数（R）	F 值
年	$P_{年}=-8\ 785.049+115.024\lambda-98.282\phi+[5.31(18.14-h)h]$	0.557	19.810
1 月	$P_1=-998.879+9.004\lambda+2.766\phi+0.001h$	0.890	110.925
2 月	$P_2=-1\ 401.611+12.347\lambda+4.651\phi+0.005h$	0.914	146.254
3 月	$P_3=-1\ 795.732+15.213\lambda+9.084\phi+0.006h-0.458\theta$	0.895	86.176
4 月	$P_4=-2\ 956.542+25.889\lambda+11.372\phi+0.004h$	0.911	141.352
5 月	$P_5=-2\ 619.862+22.282\lambda+18.189\phi-0.011h$	0.773	43.180
6 月	$P_6=-4\ 027.879+47.484\lambda-41.805\phi-3.196\theta+[5.31(18.14-h)h]$	0.632	19.265
7 月	$P_7=-1\ 589.059+33.313\lambda-81.639\phi+[5.31(18.15-h)h]$	0.686	39.086
8 月	$P_8=1\ 361.751-48.961\phi+0.068h$	0.746	55.139
9 月	$P_9=921.565-34.436\phi+0.057h$	0.831	97.931
10 月	$P_{10}=336.807-2.43\lambda+0.008h$	0.335	5.547
11 月	$P_{11}=-240.6+1.637\lambda+4.702\phi-0.23\theta$	0.618	17.909
12 月	$P_{12}=-529.614+4.515\lambda+2.981\phi-0.21\theta$	0.860	82.625
春季	$P_{春季}=-7\ 306.092+62.768\lambda+38.655\phi-0.009h$	0.872	91.955
夏季	$P_{夏季}=2\ 517.018-75.534\phi+0.07h$	0.425	9.683
秋季	$P_{秋季}=996.914-32.578\phi+0.07h$	0.644	31.161
冬季	$P_{冬季}=-2\ 899.241+25.664\lambda+9.983\phi+0.004h$	0.904	130.253

表6-2 广西气温空间分布模型

时间	气温空间分布模型	复相关系数（R）	F值
年	$T_{年}=71.05-0.296\lambda-0.726\phi-0.005h$	0.965	396.977
1月	$T_1=99.048-0.493\lambda-1.411\phi-0.003h$	0.961	345.914
2月	$T_2=104.437-0.56\lambda-1.251\phi-0.003h$	0.952	282.789
3月	$T_3=109.077-0.606\lambda-1.099\phi-0.003h$	0.936	205.491
4月	$T_4=95.284-0.499\lambda-0.797\phi-0.004h$	0.941	224.454
5月	$T_5=75.916-0.327\lambda-0.616\phi-0.005h$	0.964	376.066
6月	$T_6=53.019-0.17\lambda-0.282\phi-0.005h$	0.967	421.938
7月	$T_7=28.869-0.005h$	0.955	930.385
8月	$T_8=26.647+0.086\phi-0.006h-0.01\theta$	0.958	326.022
9月	$T_9=34.166-0.305\phi-0.006h$	0.954	440.991
10月	$T_{10}=54.794-0.124\lambda-0.757\phi-0.006h$	0.962	355.416
11月	$T_{11}=75.259-0.27\lambda-1.033\phi-0.005h$	0.966	399.928
12月	$T_{12}=92.349-0.428\lambda-1.341\phi-0.004h+0.021\theta$	0.972	364.302
春季	$T_{春季}=95.543-0.499\lambda-0.83\phi-0.004h+0.016\theta$	0.950	197.741
夏季	$T_{夏季}=38.661-0.093\lambda-0.006h$	0.961	526.417
秋季	$T_{秋季}=55.323-0.148\lambda-0.689\phi-0.006h$	0.962	356.91
冬季	$T_{冬季}=101.146-0.519\lambda-1.328\phi-0.004h+0.023\theta$	0.966	300.521

表6-3 广西日照时数空间分布模型

时间	日照时数空间分布模型	复相关系数（R）	F值
年	$S_{年}=3\ 763.969-91.593\phi-0.243h$	0.753	57.766
1月	$S_1=-59.397+3.298\lambda-9.647\phi+0.013h$	0.753	37.998
2月	$S_2=369.583-1.889\lambda-4.529\phi+0.018h$	0.621	18.245
3月	$S_3=857.557-7.307\lambda+0.023h$	0.718	46.764
4月	$S_4=1\ 204.741-9.456\lambda-3.646\phi+0.015h$	0.752	37.847
5月	$S_5=1\ 020.599-4.741\lambda-15.587\phi$	0.805	81.281
6月	$S_6=458.728-13.042\phi-0.029h$	0.791	73.626

续表

时间	日照时数空间分布模型	复相关系数(R)	F 值
7 月	$S_7=-303.839+5.708\lambda-4.908\phi-0.048h$	0.760	39.690
8 月	$S_8=131.250+2.991\phi-0.067h$	0.764	61.586
9 月	$S_9=280.011-3.647\phi-0.068h-0.464\theta$	0.873	92.749
10 月	$S_{10}=-270.958+7.172\lambda-14.522\phi-0.041h$	0.938	213.580
11 月	$S_{11}=-305.782+7.408\lambda-15.108\phi-0.015h$	0.948	259.401
12 月	$S_{12}=-225.139+5.783\lambda-12.03\phi$	0.886	161.298
春季	$S_{春季}=3\,328.76-24.024\lambda-17.726\phi$	0.737	52.170
夏季	$S_{夏季}=836.595-11.734\phi-0.172h$	0.728	49.487
秋季	$S_{秋季}=-507.903+16.71\lambda-34.185\phi-0.109h-0.87\theta$	0.929	135.111
冬季	$S_{冬季}=280.861+4.952\lambda-23.994\phi$	0.739	52.882

表 6-4 广西相对湿度空间分布模型

时间	相对湿度空间分布模型	复相关系数(R)	F 值
年	$RH_{年}=94.363-0.694\phi+0.004h$	0.472	12.589
1 月	$RH_1=88.822-0.546\phi+0.006h$	0.499	14.609
2 月	$RH_2=-1.897+1.1\lambda-1.699\phi+0.006h$	0.730	33.008
3 月	$RH_3=-72.875+1.774\lambda-1.698\phi+0.004h-0.004\beta$	0.834	49.263
4 月	$RH_4=-72.353+1.656\lambda-1.161\phi$	0.828	96.117
5 月	$RH_5=-14.928+0.987\lambda-0.497\phi$	0.682	38.319
6 月	$RH_6=54.388+0.259\lambda$	0.242	5.517
7 月	$RH_7=156.318-0.591\lambda-0.456\phi$	0.525	16.724
8 月	$RH_8=112.513-1.356\phi+0.006h$	0.687	39.367
9 月	$RH_9=161.03-0.485\lambda-1.318\phi+0.006h+0.075\theta$	0.689	19.419
10 月	$RH_{10}=203.888-1.189\lambda+0.006h$	0.665	34.966
11 月	$RH_{11}=195.005-1.125\lambda+0.006h$	0.671	36.095
12 月	$RH_{12}=157.875-0.79\lambda+0.007h$	0.639	30.400
春季	$RH_{春季}=-61.784+1.569\lambda-1.228\phi+0.002h$	0.812	56.003
夏季	$RH_{夏季}=99.633-0.781\phi+0.003h$	0.492	14.068

续表

时间	相对湿度空间分布模型	复相关系数（R）	F 值
秋季	$RH_{秋季}=190.597-1.062\lambda+0.005h$	0.648	31.771
冬季	$RH_{冬季}=91.261-0.673\phi+0.005h$	0.492	14.062

6.4 环境因子与测树因子关联分析

灰色关联度分析法是将研究对象及影响因素的因子值视为一条线上的点，与待识别对象及影响因素的因子值所绘制的曲线进行比较，比较它们之间的贴近度，并分别量化，计算出研究对象与待识别对象各影响因素之间的贴近程度的关联度，通过比较各关联度的大小来判断待识别对象对研究对象的影响程度。具体方法如下：

①确定反映系统行为特征的参考数列（x_0，林分因子数列）和影响系统行为的比较数列（x_i，环境因子数列），$x_0(k)$，$x_i(k)$ 分别为 x_0 与 x_i 的第 k 点的数。

②对参考数列和比较数列进行无量纲化处理。

③求参考数列与比较数列的灰色关联系数 ξ_i：各比较数列与参考数列在曲线中各点的关联系数 $\xi_i(k)$ 可由下列公式算出：

$$\xi_i(k)=\frac{\min_i\min_k\left|x_0(k)-x_i(k)\right|+\rho\cdot\max_i\max_k\left|x_0(k)-x_i(k)\right|}{\left|x_0(k)-x_i(k)\right|+\rho\cdot\max_i\max_k\left|x_0(k)-x_i(k)\right|}\qquad 式6\text{-}4\text{-}1$$

式中，ρ 为分辨系数。

④求关联度：因为关联系数是比较数列与参考数列在曲线中各点的关联程度值，所以它的数不止一个，而信息过于分散不便于进行整体性比较，因此有必要将曲线中各点的关联系数集求均值，作为比较数列与参考数列间关联程度的数量表示。关联度 r_i 计算公式见式 6–4–2，r_i 值越接近 1，相关性越高：

$$r_i=\frac{1}{N}\sum_{k=1}^{N}\xi_i(k)\qquad 式6\text{-}4\text{-}2$$

⑤对关联度进行排序，并由此确定主要的影响因子。

林木与环境因子关联分析见图 6–3。如图 6–3 所示，研究应用关联分析方法，计算桉树人工林胸径生长量与环境因子的关联度，定量评价主要环境因子对桉树人工林的影响。

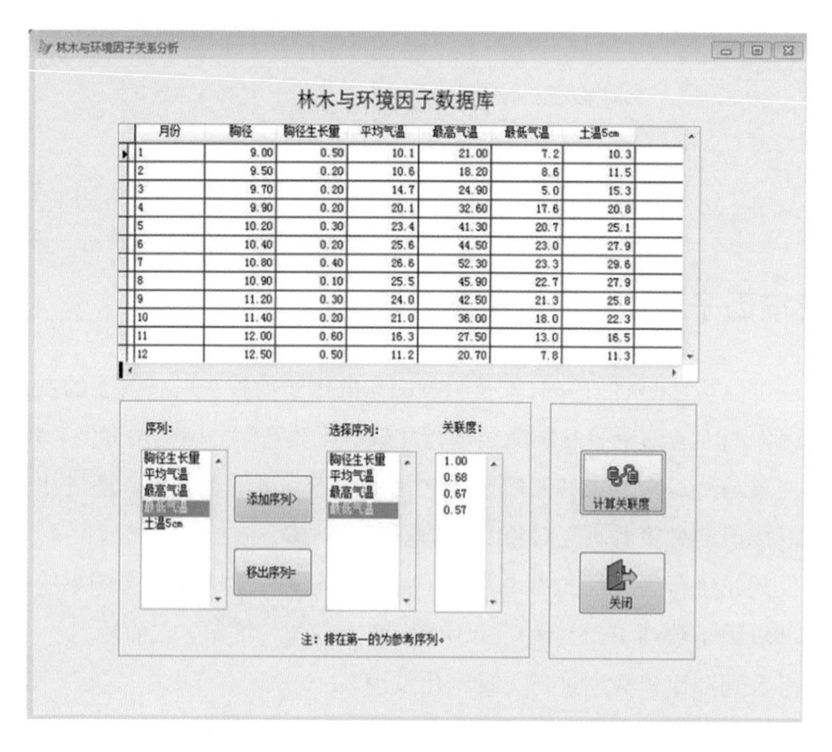

图 6-3　林木与环境因子关联分析图

6.5 重点公益林资源与生态状况监测体系建立及数据耦合案例

重点公益林是指生态区位极为重要或生态状况极为脆弱，对国土生态安全、生物多样性保护和经济社会可持续发展具有重要作用，以提供森林生态和社会服务产品为主要经营目的的重点防护林和特种用途林。为了加强对公益林资源的保护和管理，客观评价公益林在改善生态环境状况、维护国土生态安全中的作用，及时发现森林生态效益补偿制度实施过程中存在的问题，确保补偿资金的使用效益，广西壮族自治区林业局于 2005 年建立了公益林监测体系，每年对广西公益林进行资源与生态状况监测。

6.5.1 监测原则

①科学性与可操作性相结合的原则。

②宏观与微观相结合的原则。

③连续性、可比性、可靠性的原则。

6.5.2 监测内容

（1）资源状况

资源数量　面积、蓄积量、生物量、生长量。

森林权属　林地权属、林木权属。

森林结构　土地利用结构、群落结构、树种结构、龄组结构、起源构成、自然度。

森林质量　单位面积蓄积量、生物量、生长率、郁闭度、平均直径、平均树高、植被盖度、枯枝落叶厚度、腐殖质厚度。

（2）生态状况

自然环境　地形特征、土壤特征、气候特征。

生态系统服务功能　生物多样性、水源涵养、水土保持、固碳释氧等。

生态问题　水土流失、沙化程度、石漠化程度、干扰状况（包括火灾、病虫害、人为因素等）等。

6.5.3 监测周期

监测周期为每年 1 次。为了检验公益林资源档案更新数据的准确性，每 10 年应进行一次全面的本底调查，每年结合森林资源年度监测，对监测结果进行验证、分析与评价，确保监测数据准确可靠。

6.5.4 监测技术体系

根据重点公益林经营的特点、管理现状和发展要求，通过对公众、管理和技术层面进行公益林生态产品、经营管理等需求分析，合理设置监测指标，按照典型区位定点监测、重点区域遥感监测、基于信息系统动态监测 3 个层次相结合的方法，建立地 – 空、点 – 面、宏观 – 微观多尺度相结合的监测体系，实现重点公益林的水源涵养、水土保持、水质净化、固碳释氧等生态服务价值评估和森林灾害、干扰等生态问题的监测，掌握其资源与生态状况。

重点公益林资源与生态状况监测技术线路见图 6–4。

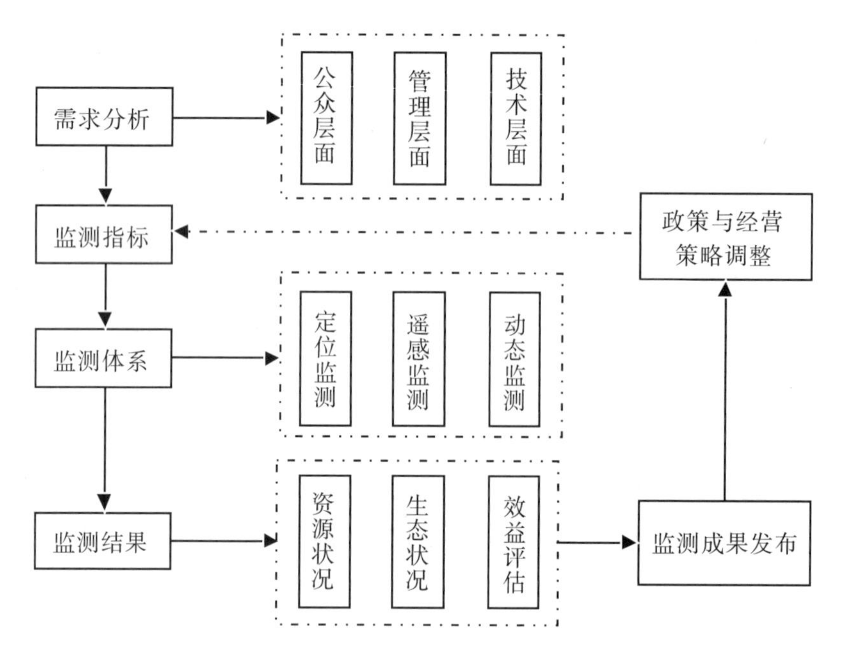

图 6-4　重点公益林资源与生态状况监测技术线路图

6.5.5 监测点的布设

以重点公益林区划界定成果为基础，以完整的林班为监测点范围，按照典型性、代表性、安全性的原则，在不同生态区位、典型植被类型区布设公益林监测点，每个监测点监测面积约 100 hm^2，共布设 70 个监测样地，其中包括江河源头区 7 个，江河沿岸 10 个，大型水库周围 12 个，国家级自然保护区 14 个，喀斯特石漠化地区 15 个，红树林及沿海防护林基干林带 2 个，森林公园 4 个，中越边境沿线 6 个。

6.5.6 监测方法

（1）资源状况监测方法

按照《国家森林资源连续清查技术规定》《广西壮族自治区森林资源规划设计调查技术方法》规定的技术标准和方法，深入实地，采用小班调查方法，调查各监测点的资源数量的面积、蓄积量、权属，以及资源结构和质量状况等。

应用高分辨率航天遥感图像，通过图像处理、解译、地面辅助调查，监测公益林图斑变化类型、图斑边界、前地类、现地类、森林类别、生态区位、变化面积、变化原因等。该项监测具有良好的现势性，可适时监测公益林因各种原因造成的变化。

以县（场）为单位，以自治区级以上重点公益林小班空间数据库和属性数据库为信息源，通过建立公益林主要树种生长模型，每年根据管护人员巡山记录和县级林业主管部门对重点公益林的自查结果，收集公益林的消长变化信息，进行年度数据更新汇总。该项监测可将资源落实到小班，满足经营单位对公益林信息的需求。

（2）生态状况主要监测方法

通过对不同生态区位，不同森林类型设立生态定位监测点，进行物种多样性、水土流失、水源涵养等生态状况监测。

物种多样性监测　选择有代表性的地段设置方形样地，调查记录样地内乔木树种种类及其株数、平均高、平均胸径、郁闭度等，在方形样地的对角角桩设置 2 个大小分别为 5 m×5 m 和 1 m×1 m 的小样方，分别调查灌木和草本植物的种类及其株数、平均高、盖度等。应用辛普森指数、香农－威纳指数和丰富度指数评价各监测点的物种多样性。

水源涵养能力监测　选择有代表性的地段布设土壤调查点，按照《森林土壤样品的采集与制备》（LY/T 1210—1999）和《林业专业调查主要技术规定》的方法，每个点在 0 ～ 50 cm 土层采集土壤样本，测定土壤水分物理性质，计算森林水源涵养能力。

水土流失监测　喀斯特区域采用地面监测法，选择有代表性的地段，按照国家农林野外试验台站林地土壤侵蚀指标的监测标准规定的数量布点，垂直地面打钉，每年测定钉子附近的土壤侵蚀深度，得到土壤侵蚀强度和土壤侵蚀模数。根据土壤侵蚀模数，计算出不同地类土壤侵蚀量。

流水地貌采用水土流失方程估测法，调查收集各监测点与水土流失相关因子，如气象、土壤、地形及覆盖度等，应用修正通用土壤流失方程（RUSLE）计算各监测小班的土壤侵蚀模数，模型的基本形式为

$$E=R\times K\times LS\times C\times P \quad \text{式 6-5-1}$$

式中，E 为土壤流失量 [$t/(hm^2\cdot a)$]；R 为降雨侵蚀力指标，或称降雨侵蚀力因子；K 为土壤可蚀性因子；LS 为坡长坡度因子；C 为覆盖与管理因子；P 为水土保持措施因子。

流水地貌水土流失方程计算参数提取见图 6–5。

固碳释氧监测　植物通过光合作用，固定二氧化碳并释放氧气。碳汇是指森林吸收并储存二氧化碳的能力；碳储量是指森林植物的贮碳能力。根据不同树种的生物量模型，计算出监测点森林生物量，用森林生物量尺度转化的方法计算碳汇、碳储量、氧气释放量。

森林储能监测　植物热值是指植物单位重量干物质在完全燃烧后所释放出来的能量值，它反映了绿色植物通过光合作用固定太阳辐射能的能力及能量贮存。通过收集公益林区主要树种生物量模型，并选取部分建模样木的干、枝、叶及其林下灌木、草本采用自动氧弹热量计测定植物热值。根据植物热值测定结果及公益林各树种生物量，计算公

益林能量积累。

林区水质监测 按照《地表水环境质量标准》（GB 3838—2002）规定，在水样采集后自然沉降30分钟，取上层非沉降部分按规定方法进行分析（水温及pH值除外）。对水温、pH值、五日生化需氧量（BOD_5）、化学需氧量（COD）、总氮、总磷等指标进行测定，采用综合评价方法评价林区水质情况。

沙化程度监测 按照广西沙化土地监测有关技术标准和调查方法，以沙化土地植被盖度为主要评定因子，对布设于沙化土地监测范围的监测点，调查评价沙化土地程度。

石漠化程度监测 按照广西喀斯特地区石漠化土地监测有关技术标准和调查方法，以基岩裸露度、植被类型、植被综合盖度、土层厚度为主要评定因子，对布设于喀斯特地区石漠化土地监测范围的监测点，调查评定石漠化程度。

森林灾害、人为破坏、森林健康监测 按照广西森林资源连续清查有关技术标准和调查方法，调查监测点森林火灾、病虫害等自然灾害因子；通过定期复查固定监测点，掌握人为破坏情况；根据林木的生长发育、外观表象特征及森林受灾情况综合评定森林健康状况。

广西重点公益林监测自2005年开始，每年定期监测，此项工作获取了公益林资源数量、质量与生态状况信息。2019年以来，还开展社会效益监测。公益林监测体系为及时掌握公益林资源及生态状况变化动态，评价公益林资源保护和管理效果，制订和完善公益林资源保护和管理措施，促进公益林管护水平的提高，以及森林生态效益补偿基金的发放和公益林补偿基金制度的完善提供依据。

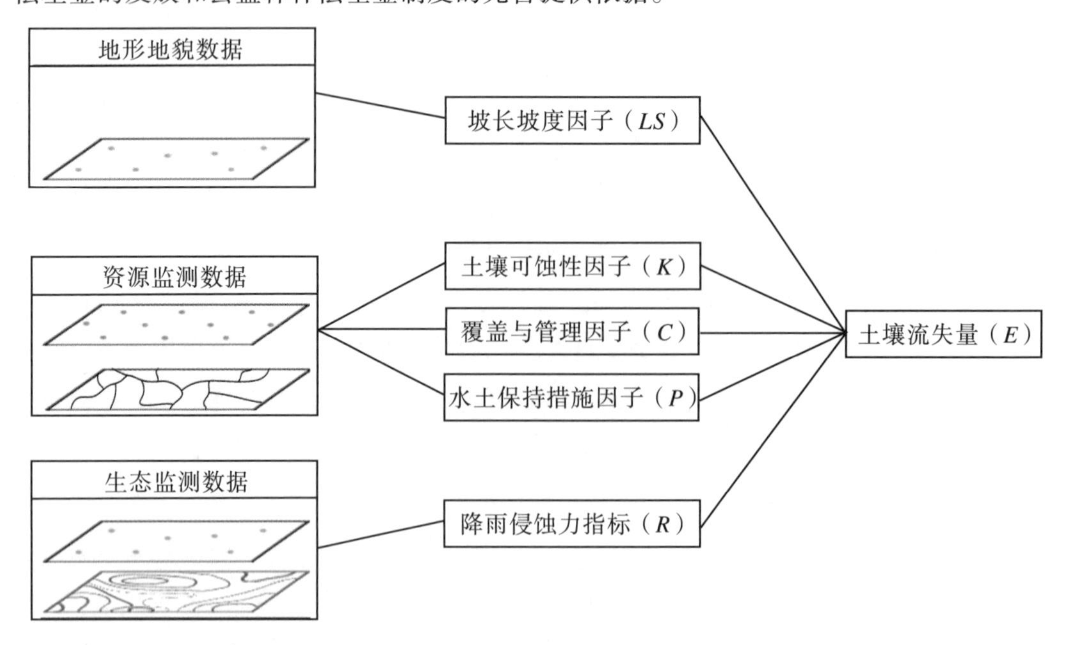

图6-5 流水地貌水土流失方程计算参数提取示意图

参考文献

[1] 肖兴威，等 . 中国森林资源和生态状况综合监测研究 [M]. 北京：中国林业出版社，2007.

[2] 曾伟生，肖前辉 . 森林生态状况综合指数评价方法探讨 [J]. 中南林业调查规划，2008，4（27）：5-8.

[3] 郭慧 . 森林生态系统长期定位观测台站布局体系研究 [D]. 北京：中国林业科学研究院，2014.

[4] 魏宝祥，李佛琳，陈功 . 植物工程原理及其应用 [M]. 昆明：云南大学出版社，2017.

[5] 广西林业勘测设计院 . 广西重点公益林资源与生态状况监测研究 [R]. 2008.

[6] 官丽莉，周小勇，罗艳 . 我国植物热值研究综述 [J]. 生态学杂志， 2005（4）：452-457.

[7] 张伟，蔡会德，农胜奇 . 广西主要树种热值研究 [J]. 中南林业调查规划，2011，30（1）：50-53.

[8] 蔡会德，莫祝平，农胜奇，等 . 广西林业碳汇计量研究 [M]. 南宁：广西科学技术出版社，2018.

[9] 朱德海，严泰来，杨永侠 . 土地管理信息系统 [M]. 北京：中国农业大学出版社，2000.

[10] 胡鹏，游涟，杨传勇，等 . 地图代数 [M]. 武汉：武汉大学出版社，2002.

[11] 邬伦 . 地理信息系统：原理、方法和应用 [M]. 北京：科学出版社，2001.

[12] 林忠辉，莫兴国，李宏轩，等 . 中国陆地区域气象要素的空间插值 [J]. 地理学报，2002（1）：47-56.

[13] 王人潮 . 农业资源信息系统 [M]. 北京：中国农业出版社，2000.

[14] 邓聚龙 . 灰色系统基本方法 [M]. 武汉：华中工学院出版社，1987.

第 7 章　森林资源与生态状况评价研究

7.1 林地质量评价

立地质量是指某一立地上既定森林或者其他植被类型的生产潜力，与树种相关联；立地质量评价是指对立地的宜林性或潜在的生产力进行判断和预测，是实现科学造林、合理高效利用林地的重要保证。目前，国内外立地质量评价方法一般分为直接评价法和间接评价法。直接评价法有以林分蓄积量为指标的定期收获法、以林分平均高为指标的地位级法和以林分优势木高为指标的地位指数法；间接评价法有指示植物法、树种代换评价法、环境因子法等。20 世纪 80 年代初，全国开展了林地质量定量评价试点工作，研究了林地分等级评价的技术构建方法。不少学者通过判定各立地环境因子对林分生产潜力的贡献，实现直接或间接利用立地环境因子来描述立地质量等级。在森林资源连续清查体系立地质量评价方面，基于森林资源清查数据构建主要树种树高曲线，编制立地指数表，用地形和土壤因子拟合立地指数估测模型，并基于林地空间分布数据，估测小班立地指数，得到立地质量等级及分布。以上方法被认为是准确和可靠的。

本次评价对象为广西的林地，其基础数据来源于广西第五次森林资源规划设计调查成果数据，并参照第九次森林资源连续清查和2020年森林资源固定样地调查与更新数据，开展林地质量评价工作。为了更准确、更全面地评价广西林地质量，参照《林地保护利用规划林地落界技术规程》（LY/T 1955—2011）的评价规范并结合广西地域特点增加水分条件和热量条件的指标因子开展评价工作，为森林经营和林地生产力提高提供重要的科学依据。

7.1.1 评价方法

（1）构建层次结构模型

根据与森林植被生长密切相关的水热条件、地形特征和土壤等自然环境因素，选取土层厚度、土壤类型、海拔、坡向、坡度、坡位、交通区位、年平均降水量、≥10 ℃的积温、年平均气温等 10 项指标因子，构建广西林地质量评价体系。

林地质量评价指标体系层次结构见图 7-1。

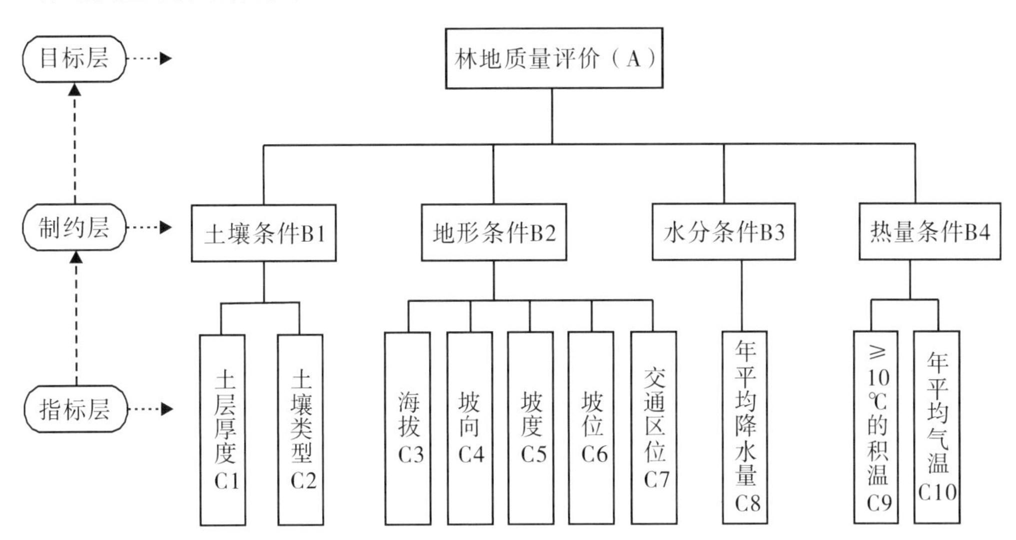

图 7-1　林地质量评价指标体系层次结构图

（2）构造判断矩阵

本文采用 1-9 标度法，在对以上 10 项指标因子相关联性深度分析的基础上，构造 A-B、B-C 的比较判断矩阵，求解判断矩阵最大特征根及特征向量，得到各因素的相对权重，进行综合排序及一致性检验。林地质量评价因子总排序权重见表 7-1。

表 7-1　林地质量评价因子总排序权重表

指标因子	代码	类型因子				权重
		B1	B2	B3	B4	
		0.44	0.44	0.06	0.06	
土层厚度	C1	0.50				0.22
土壤类型	C2	0.50				0.22
海拔	C3		0.10			0.05
坡向	C4		0.07			0.03
坡度	C5		0.45			0.20
坡位	C6		0.33			0.14
交通区位	C7		0.05			0.02
年平均降水量	C8			1.00		0.06

续表

指标因子	代码	类型因子				权重
		B1	B2	B3	B4	
		0.44	0.44	0.06	0.06	
≥ 10 ℃的积温	C9				0.50	0.03
年平均气温	C10				0.50	0.03

（3）评价指标因子值标准化处理

根据广西森林资源分布特点，选取桉树作为南亚热带、北热带的评价树种，选取杉木作为中亚热带的评价树种，统计分析各评价树种对应不同指标因子的单位面积蓄积量，以此作为分级参考，赋予各指标因素等级适当的分值，生成由桉树、杉木代表不同区域的指标因子分类表。

南亚热带、北热带指标因子分类表（桉树）见表 7–2；中亚热带指标因子分类表（杉木）见表 7–3。

表 7–2　南亚热带、北热带指标因子分类表（桉树）

序号	指标因子	等级值				
		1	3	5	7	9
C1	土层厚度 /cm	≥ 80	60 ～ 80	40 ～ 60	20 ～ 40	≤ 20
C2	土壤类型	105（黄红壤）	103（红壤） 104（黄壤） 185（红黏土） 184（黑黏土）	111（黄棕壤） 186（新积土） 181（紫色土） 102（赤红壤） 109（冲积土）	108（硅质白粉土） 116（山地沼泽土） 183（水稻土）	101（砖红壤） 182（石灰土） 107（滨海盐土）
C3	海拔 /m	平原（≤ 200）	丘陵（200 ～ 500）	低山（500 ～ 1 000）	中山（≥ 1 000）	
C4	坡向	阳坡(5、6)	半阳坡（7、8）	无坡向（9）	半阴坡（3、4）	阴坡(1、2)
C5	坡度 /（° ）	缓坡（5～14） 平坡（≤ 5）	斜坡（15 ～ 24）	陡坡（25 ～ 34）	急坡（35 ～ 44）	险坡（≥ 45）
C6	坡位	山谷（5） 平底（6）	下坡（4）	中坡（3） 全坡（7）	上坡（2）	脊部（1）

续表

序号	指标因子	等级值				
		1	3	5	7	9
C7	交通区位	1	2	3	4	5
C8	年平均降水量 /mm	≥ 2 000	1 750 ～ 2 000	1 500 ～ 1 750	1 250 ～ 1 500	≤ 1 250
C9	≥ 10 ℃的积温 /℃	≥ 7 400	6 800 ～ 7 400	6 200 ～ 6 800	5 600 ～ 6 200	≤ 5 600
C10	年平均气温 /℃	≥ 20	19 ～ 20	18 ～ 19	17 ～ 18	≤ 17

表 7–3　中亚热带指标因子分类表（杉木）

序号	指标因子	等级值				
		1	3	5	7	9
C1	土壤厚度 /cm	≥ 80	60 ～ 80	40 ～ 60	20 ～ 40	≤ 20
C2	土壤类型	102（赤红壤） 186（新积土）	103（红壤） 105（黄红壤） 185（红黏土） 184（黑黏土） 183（水稻土） 181（紫色土）	104 （黄壤） 111 （黄棕壤） 109 （冲积土）	108 （硅质白粉土） 116 （山地沼泽土）	182 （石灰土） 107 （滨海盐土）
C3	海拔 /m	平原（≤ 200）	丘陵 （200 ～ 500）	低山 （500 ～ 1 000）	中山（≥ 1 000）	
C4	坡向	阳坡（5、6）	半阳坡（7、8）	无坡向（9）	半阴坡（3、4）	阴坡（1、2）
C5	坡度 /(°)	缓坡(5～14) 平坡（≤ 5）	斜坡（15～24）	陡坡（25 ～ 34）	急坡（35 ～ 44）	险坡（≥ 45）
C6	坡位	山谷（5） 平底（6）	下坡（4）	中坡（3） 全坡（7）	上坡（2）	脊部（1）
C7	交通区位	1	2	3	4	5
C8	年平均降水量 /mm	≥ 2 000	1 750 ～ 2 000	1 500 ～ 1 750	1 250 ～ 1 500	< 1 250
C9	≥ 10 ℃的积温 /℃	≥ 7 000	6 500 ～ 7 000	6 000 ～ 6 500	5 500 ～ 6 000	< 5 500
C10	年平均气温 /℃	≥ 20	19 ～ 20	18 ～ 19	17 ～ 18	≤ 17

（4）综合指数计算与评价等级划分

对各个评价指标因子的权重值与其等级值进行逐层次加权计算，得到林地质量评价各因素指数与综合评价指数，计算公式如下：

$$\mathrm{EEQ}=\sum_{i=1}^{n} V_i \times W_i \qquad \text{式 7-1-1}$$

式中，EEQ 为林地质量综合评分值，V_i 为各因素评分值，W_i 为各因素的权重值。

根据林地质量综合评分值，将林地质量划分为Ⅰ级（EEQ ≤ 2）、Ⅱ级（2 ＜ EEQ ≤ 4）、Ⅲ级（4 ＜ EEQ ≤ 6）、Ⅳ级（6 ＜ EEQ ≤ 8）和Ⅴ级（EEQ ＞ 8）5 个等级，并生成林地质量等级分布图。

（5）林地生产潜力评价

林地生产潜力指生长在一定水热条件、土壤和地形等自然环境因素下，林分可能达到的年平均单位面积蓄积生长量。基于 2020 年森林资源固定样地与更新数据，各林地质量等级分别选取 10 块近 10 年自然生长、未受灾害且蓄积生长量最大的杉木样地，计算其年平均生长量的平均值，确定为该等级林地生产潜力值。根据广西第五次二类调查数据库中每个有林地小班现实单位面积蓄积量和平均年龄，计算小班的单位面积年平均生长量，作为小班现实生产力。由此，通过乔木林现实生产力与林地生产潜力之间的比值（M）来反映两者间的差距，比值越小，林分现实生产力提高的可能性越大。从低到高将比值划分为 4 个分值档：高，$M < 0.3$；中，$0.3 \leq M < 0.6$；低，$0.6 \leq M < 1$；现实生产力已经达到林地生产潜力水平，$M \geq 1$。

7.1.2 评价结果

从林地质量等级划分结果看：广西林地面积为 1 602.31 × 10^4 hm^2，其中Ⅰ级林地 31.57 × 10^4 hm^2，占比为 1.97%；Ⅱ级林地 737.87 × 10^4 hm^2，占比 46.05%；Ⅲ级林地 628.90 × 10^4 hm^2，占比为 39.25%；Ⅳ级林地 202.84 × 10^4 hm^2，占比为 12.66%；Ⅴ级林地 1.13 × 10^4 hm^2，占比为 0.07%。各林地质量等级按统计面积排序：Ⅱ级＞Ⅲ级＞Ⅳ级＞Ⅰ级＞Ⅴ级，其中Ⅱ级、Ⅲ级林地面积占比高达 85.30%，说明广西林地质量主要是Ⅱ级、Ⅲ级。广西林地质量按面积统计见图 7-2。

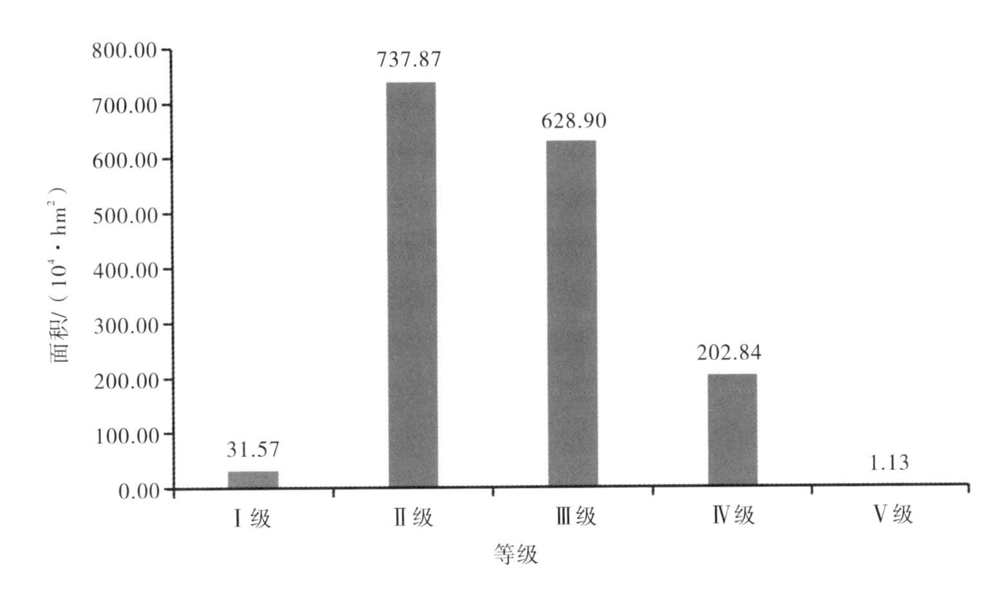

图 7-2　广西林地质量按面积统计示意图

根据2020年森林资源固定样地调查与更新数据，统计得到不同等级林地生产潜力值，并依据二类调查小班数据计算各等级乔木林的现实生产力。经统计，广西林地平均单位面积的蓄积量为 82.78 m^3/hm^2，年平均每公顷蓄积生长量为 8.60 m^3，为广西林地生产潜力平均水平的 86.96%。其中，各等级现实林地生产力基本达到林地生产潜力的 60%，整体水平较高。

不同林地质量等级林分现实及潜在生产力见表 7-4。

表 7-4　不同林地质量等级林分现实及潜在生产力表

质量等级	面积 /（$10^4 \cdot hm^2$）	小班个数 / 万个	公顷蓄积量 /（$m^3 \cdot hm^{-2}$）	现实生产力 /（$m^3 \cdot hm^{-2} \cdot a^{-1}$）	生产潜力 /（$m^3 \cdot hm^{-2} \cdot a^{-1}$）	比例 /%
Ⅰ级	31.57	22.42	68.96	12.22	13.12	93.14
Ⅱ级	737.87	536.07	87.33	9.12	11.29	80.78
Ⅲ级	628.90	343.45	81.55	7.82	10.25	76.29
Ⅳ级	202.84	49.42	60.77	5.35	8.94	59.84
Ⅴ级	1.13	0.25	50.79	3.81	5.83	65.35
全广西	1 602.31	951.61	82.78	8.60	9.89	86.96

不同林地立地质量等级林地生产潜力面积和比例分布见表7–5。由表7–5可知，广西现实生产力接近或高于林地生产潜力的面积为240.84 × 10^4 hm^2，占总林地面积的15.0%；提高生产力可能性为“高”等级的林地面积为834.44 × 10^4 hm^2 和提高生产力可能性为“中”等级的林地面积为365.75 × 10^4 hm^2，二者合计占比高达74.90%。说明目前广西林分质量较好，但仍有较大的可提高性。因此，未来应该合理选育造林树种，加强森林抚育经营，以促进林木生长，提高林地生产力。

表7–5　不同林地立地质量等级林地生产潜力面积和比例分布表

质量等级	合计/（10^4·hm^2）	$M \geq 1$		$0.6 \leq M < 1$		$0.3 \leq M < 0.6$		$0 < M < 0.3$	
		面积/（10^4·hm^2）	比例/%	面积/（10^4·hm^2）	比例/%	面积/（10^4·hm^2）	比例/%	面积/（10^4·hm^2）	比例/%
Ⅰ级	31.57	11.33	4.7	2.39	1.5	5.63	1.5	12.22	1.5
Ⅱ级	737.87	149.53	62.1	85.01	52.7	186.58	51.0	316.74	38.0
Ⅲ级	628.90	76.37	31.7	67.35	41.8	139.36	38.1	345.82	41.4
Ⅳ级	202.84	3.59	1.5	6.39	4.0	33.95	9.3	158.92	19.0
Ⅴ级	1.13	0.02	0.01	0.14	0.1	0.22	0.1	0.75	0.1
全广西	1 602.31	240.84	—	161.28	—	365.75	—	834.44	—

从提高林地生产力的可能性来考虑，广西仍有834.44 × 10^4 hm^2 的林地现实生产力低于生产潜力的30%，占广西林地面积的52.1%。其中，河池、百色和桂林3市的面积占比达到总数的50%以上，这些区域是广西喀斯特地貌分布较多的地方，石漠化区域立地条件差，林分生产力水平整体偏低，是广西林分质量提高的关键地区。若加强森林抚育经营，促进林木生长，林地平均生产力接近生产潜力值，林木蓄积提升空间巨大。广西林地立地质量等级及林地生产潜力分布分别见图7–3、图7–4。

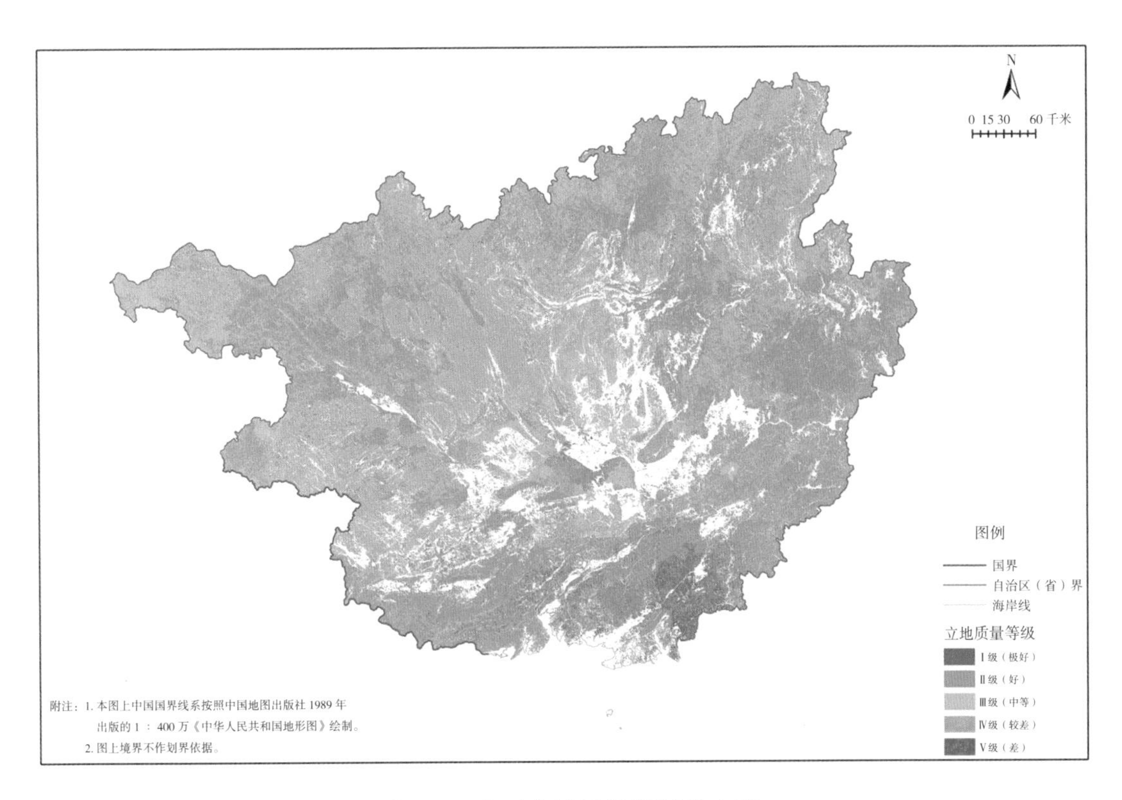

图 7-3　广西立地质量等级分布图

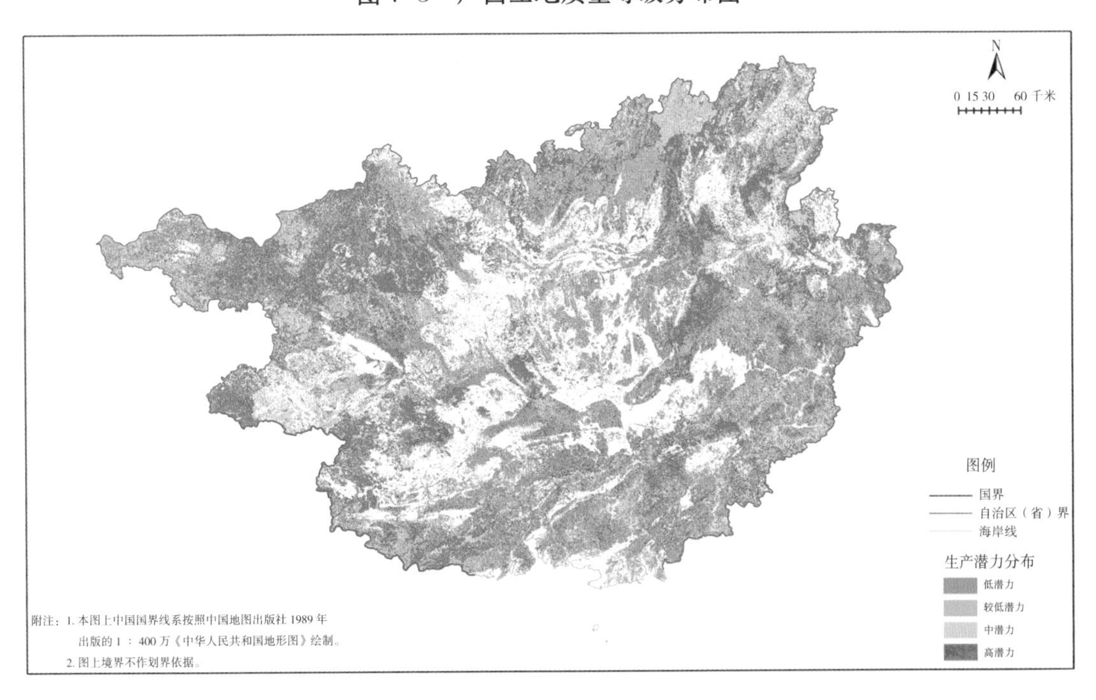

图 7-4　广西林地生产潜力分布图

7.2 乔木林质量评价

乔木林是森林主体，森林的生态价值、经济价值和社会价值主要体现在乔木林的质量上，乔木林的价值决定了森林的价值。乔木林单位面积蓄积量和生长量、单位面积株数、平均胸径、郁闭度、树高及面积结构等是反映森林资源质量的重要指标。广西乔木林面积 1 050.10 × 10^4 hm^2，占广西森林面积的 73.5%，乔木林蓄积量 67 752.45 × 10^4 m^3，占广西森林总蓄积量的91.0%，占有主体地位。因此，对广西的乔木林资源质量做出全面、客观、准确、恰当的剖析与评估十分必要。

本次评价的基础数据是 2020 年森林资源固定样地调查与更新数据，依据《森林资源连续清查技术规程》（GB/T 38590—2020）中乔木林资源质量等级评定标准，采用层次分析法评价了广西乔木林资源质量的现状，为制定森林资源可持续经营战略和策略、提高森林资源管理水平提供科学依据。

7.2.1 评价方法

本文采用层次分析法（AHP），进行乔木林质量评价：从植被覆盖、森林结构、森林生产力、森林健康、森林受干扰程度 5 个方面，选取 17 个指标，构建乔木林质量评价体系。乔木林质量评价指标层次结构图见图 7–5。

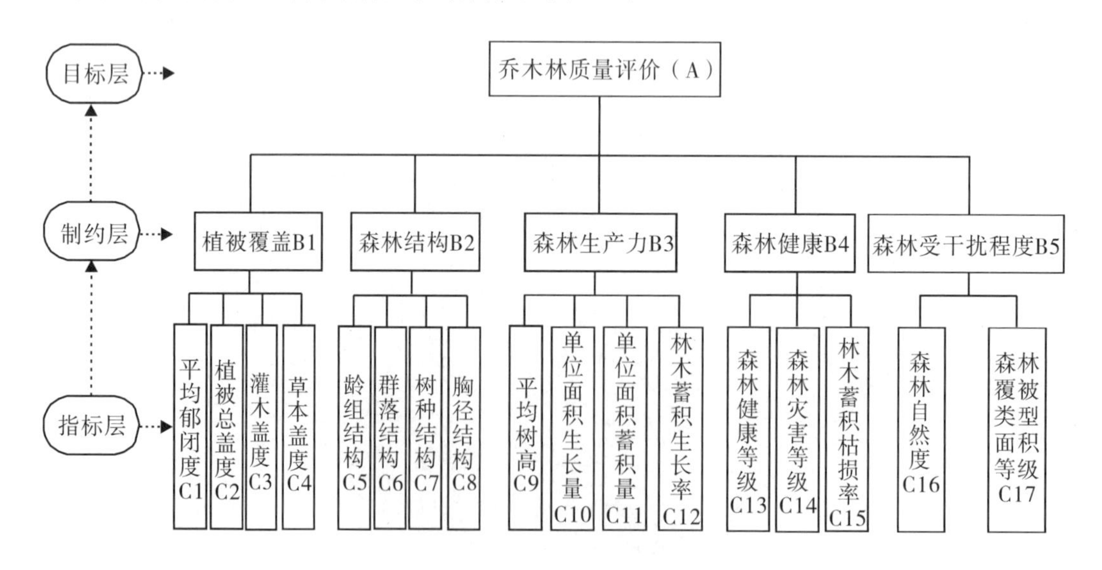

图 7–5　乔木林质量评价指标体系层次结构图

通过专家综合打分法构建判断矩阵，求解判断矩阵最大特征根及特征向量得到各因素相对权重，并做一致性检验，最后得到乔木林质量综合评价权重值，如表 7–6 所示；指标因子数量化等级分值如表 7–7 所示。

表 7-6　乔木林质量评价因子总排序权重表

指标因子	代码	类型因子					权重
		B1	B2	B3	B4	B5	
		0.15	0.20	0.35	0.20	0.10	
平均郁闭度	C1	0.40					0.06
植被总盖度	C2	0.30					0.05
灌木盖度	C3	0.20					0.03
草本盖度	C4	0.10					0.02
龄组结构	C5		0.30				0.06
群落结构	C6		0.20				0.04
树种结构	C7		0.20				0.04
胸径结构	C8		0.30				0.06
平均树高	C9			0.20			0.07
单位面积生长量	C10			0.30			0.11
单位面积蓄积量	C11			0.30			0.11
林木蓄积生长率	C12			0.20			0.07
森林健康等级	C13				0.40		0.08
森林灾害等级	C14				0.40		0.08
林木蓄积枯损率	C15				0.20		0.04
森林自然度	C16					0.60	0.06
森林覆被类型面积等级	C17					0.40	0.04

表 7-7　指标因子数量化等级分值表

指标因子	代码	等级值									
		1	2	3	4	5	6	7	8	9	10
平均郁闭度	C1			0.2 ~ 0.3	0.3 ~ 0.4	0.4 ~ 0.5	0.5 ~ 0.6	0.6 ~ 0.7	0.7 ~ 0.8	0.8 ~ 0.9	≥ 0.9
植被总盖度 /%	C2		< 10	10 ~ 20	20 ~ 30	30 ~ 40	40 ~ 50	50 ~ 60	60 ~ 70	70 ~ 80	≥ 80
灌木盖度 /%	C3		< 10	10 ~ 20	20 ~ 30	30 ~ 40	40 ~ 50	50 ~ 60	60 ~ 70	70 ~ 80	≥ 80
草本盖度 /%	C4		< 10	10 ~ 20	20 ~ 30	30 ~ 40	40 ~ 50	50 ~ 60	60 ~ 70	70 ~ 80	≥ 80
龄组结构	C5		幼林林		过熟林		中龄林		近熟林		成熟林
群落结构	C6			简单结构			较复杂结构			复杂结构	
树种结构	C7		1		2		3，4		5		6，7
胸径结构 /cm	C8	< 5.0	5.0 ~ 9.0	9.0 ~ 13.0	13.0 ~ 17.0	17.0 ~ 21.0	21.0 ~ 25.0	25.0 ~ 29.0	29.0 ~ 33.0	33.0 ~ 37.0	≥ 37.0
平均树高 /m	C9	< 4	4 ~ 6	6 ~ 8	8 ~ 10	10 ~ 12	12 ~ 14	14 ~ 16	16 ~ 18	18 ~ 20	≥ 20
单位面积生长量 /（ m^3/hm^2 ）	C10	< 2	2 ~ 4	4 ~ 6	6 ~ 8	8 ~ 10	10 ~ 12	12 ~ 14	14 ~ 16	16 ~ 18	≥ 18
单位面积蓄积量 /（ m^3/hm^2 ）	C11	< 30	30 ~ 50	50 ~ 70	70 ~ 90	90 ~ 110	110 ~ 130	130 ~ 150	150 ~ 170	170 ~ 190	≥ 190
林木蓄积生长率 /%	C12	< 2	2 ~ 3	3 ~ 4	4 ~ 5	5 ~ 6	6 ~ 7	7 ~ 8	8 ~ 9	9 ~ 10	≥ 10
森林健康等级	C13			不健康		中健康		亚健康		健康	
森林灾害等级	C14			重		中		轻		无	
林木蓄积枯损率 /%	C15	≥ 1.8	1.6 ~ 1.8	1.4 ~ 1.6	1.2 ~ 1.4	1.0 ~ 1.2	0.8 ~ 1.0	0.6 ~ 0.8	0.4 ~ 0.6	0.2 ~ 0.4	< 0.2
森林自然度	C16		Ⅴ		Ⅳ		Ⅲ		Ⅱ		Ⅰ
森林覆被类型面积等级 /hm^2	C17	< 1	1 ~ 3	3 ~ 5	5 ~ 10	10 ~ 20	20 ~ 30	30 ~ 40	40 ~ 50	50 ~ 100	≥ 100

7.2.2 评价结果

广西乔木林质量评价结果显示，广西乔木林质量水平处于中等水平，其乔木林综合质量指数为 0.60。广西连续清查样地中质量等级为“优等”的乔木林分布有 492 个样地，占所有乔木林地的 21.4%，折合面积 236.16×10^4 hm^2；质量等级为“中等”的乔木林分布有 1 393 个样地，占所有乔木林地的 60.6%，折合面积 668.64×10^4 hm^2；质量等级为“差等”的乔木林分布有 415 个样地，占所有乔木林地的 18.0%，折合面积 199.20×10^4 hm^2。广西乔木林质量等级评价表见表 7–8。

表 7–8　广西乔木林质量等级评价表

质量等级	综合指数	样地个数 / 个	占比 /%	面积 / (10^4 · hm^2)
优等	0.73	492	21.4	236.16
中等	0.60	1 393	60.6	668.64
差等	0.44	415	18.0	199.20
合计	0.60	2 300	100.0	1 104.00

不同起源森林质量等级情况如图 7–6 所示，质量等级为“中等”以上的天然林面积占天然林总面积的 90.7%，质量等级为“中等”以上的人工林面积占人工林总面积的 76.4%，表明天然林的森林质量水平明显高于人工林，其主要原因为天然林人为干扰因素较小，森林群落结构复杂，林分质量较高。人工林林分单一，人为干扰大，不利于森林群落的演替，区内主要人工林为桉树、杉木和马尾松等树种，桉树在区内人工林面积中占主体地位，其为短轮伐用材林，结构简单，森林质量低。在后期的森林经营中应加大对人工林林分结构调整的力度，积极营造混交林，同时适当开展近自然等森林经营措施，精准提升森林质量。

本次评价的结论为广西乔木林综合质量等级处于“中等”水平，同时也得出了广西乔木林质量等级空间分布状况，并从森林起源分布情况分析了广西乔木林质量现状与存在的问题，提出应对商品林进行树种调整、中幼林加强抚育和生态脆弱区减少人为活动等经营措施，精准提升乔木林质量水平。可以看出，广西乔木林质量空间分布特征不明显，但从整体看，自然保护区“优等”等级众多，因为其主要分布于公益林范围内，且基本都是封育完好的阔叶林，人为活动等因素少，森林结构完好；“差等”等级在喀斯特石漠化区域分布较多，主要原因为石漠化区域立地条件差，加上人为干扰明显，森林生态系统不完整，林分结构不合理，从而造成了这部分区域森林质量等级不高，后期森林经营规划中

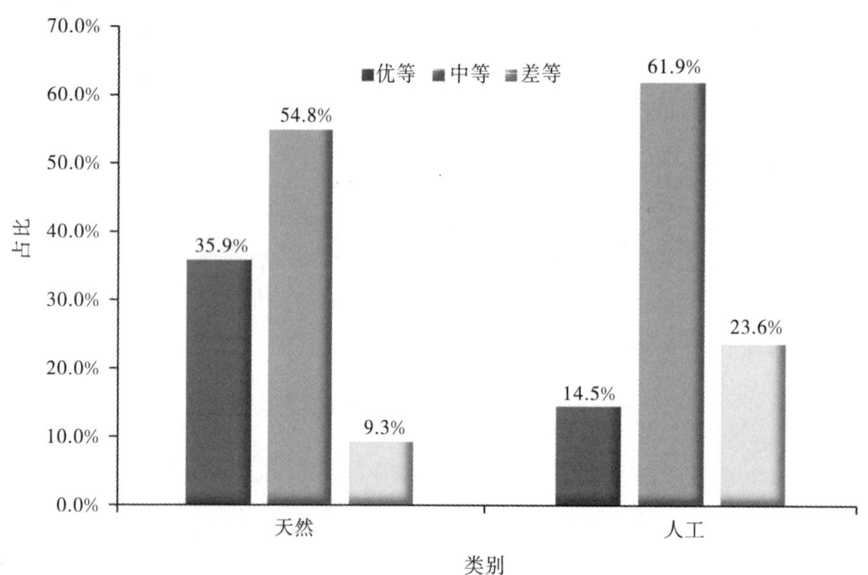

图 7-6　不同起源的森林质量等级情况

应加强该区域林分结构调整和森林生态系统修复等精准措施力度。广西乔木林质量等级整体处于中等水平，表明广西森林质量有很大提升空间，后期应该提高森林经营水平，通过科学合理规划和经营使广西乔木林质量得到较大提升。

7.3 植被生态质量评价

7.3.1 评价方法

（1）评价指标

基于植被生态学与植被生态保护红线原理，结合指标构建原则，从植被生态系统生物多样性功能、植被生产功能、植被生态功能三方面构建植被生态质量评价指标体系。植被生态质量评价指标体系见图 7-7。

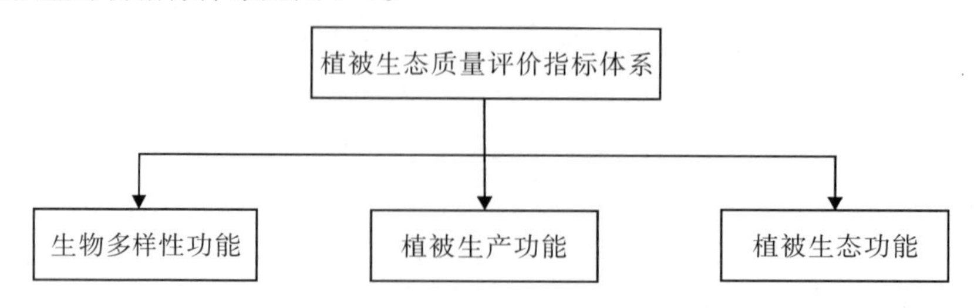

图 7-7　植被生态质量评价指标体系

生物多样性功能主要是指生态系统组成、功能的多样性以及各种生态过程的多样性，包括生境的多样性、生物群落和生态过程的多样性等多个方面。广西植被生态系统主要包括森林、灌丛、灌草、草地、农田等多种类型植被，因此，研究主要基于卫星遥感反演的植被生态系统分布类型表征植被生物多样性指标。

植被生产功能既是衡量陆地生态系统功能和服务价值的关键变量，也是衡量陆地固碳能力的关键变量。植被生产力有总初级生产力（GPP）、净初级生产力（NPP）、净生态系统生产力（NEP）、净生物群系生产力（NBP），反映了陆地生态系统在不同层次上的生态功能和固碳能力。近 20 年广西年平均植被净初级生产力值为 800 ～ 1 100 gC/m^2，时间上呈现波动式增加趋势，生态环境总体服务能力显著，植被生态呈现好转态势。因此，研究采用植被净初级生产力表征植被生产功能指标，不仅是判定生态系统碳源 / 汇和调节生态过程的主要因子，也是反映植被在气候、土壤等环境影响下的植物生产能力。

植被生态功能是植被生态环境起稳定调节作用的功能。植被覆盖度是反映陆地生态系统健康程度的另一个重要特征量，是增加植被生产力、保持植被生产力的稳定性与改善植被生态环境的途径。近 20 年广西植被覆盖度总体呈现显著上升趋势，上升速率为 8.117% /（10a），广西 98.36% 的区域植被覆盖度得到了改善，植被生态环境也得到了明显改善。因此，研究采用植被覆盖度表征植被生态功能指标。

（2）植被生态质量评价模型

广西植被生态质量监测评估指标，植被分布面积（km^2）、植被净初级生产力（gC/m^2）是个绝对量，植被覆盖度（%）是个相对量值，如何将三者有机地结合起来，定量表达植被生态质量是关键问题。植被分布面积与植被净初级生产力的乘积即可表示区域植被的固碳或释氧能力。研究以像元为单元尺度，关键问题可转化为单位面积植被净初级生产力与植被覆盖度二者的问题，通过构建一个既能反映单位面积植被净初级生产力又能反映覆盖程度的综合指数，就可以定量描述植被生态质量。因植被净初级生产力的时空差异性较大，故任一像元植被生长好坏年际之间差异很大。通过对同一像元同一时段内的植被净初级生产力与该时段的最大植被净初级生产力的比值，就可得到逼近该像元最高植被净初级生产力的相对量值。参照 2019 年中国气象局发布的气象行业标准《陆地植被气象与生态质量监测评价等级》（QX/T 494—2019），构建广西植被生态质量监测评估模型：

$$Q_i = 100 \times (f_1 \times \frac{\mathrm{NPP}_i}{\mathrm{NPP}_m} + f_2 \times \mathrm{GVC}_i) \qquad \text{式 7-3-1}$$

式中，Q_i 为第 i 年植被生态质量指数；GVC_i 为第 i 年植被覆盖度；NPP_i 为第 i 年植被

净初级生产力；NPP_m 为过去第 1 年至第 n 年中最大植被净初级生产力，f_1、f_2 为权重，$f_1+f_2=1$。基于层次分析法，确定权重，f_1 为 0.5，f_2 为 0.5。

基于植被生态质量指数大小，根据广西植被生态质量的实际情况，确定广西年度植被生态质量监测评估等级指标。广西年度植被生态质量监测等级评价指标见表 7–9。

表 7–9　广西年度植被生态质量监测等级评价指标表

生态质量	等级				
	差	较差	正常	较好	好
Q_i	$0 < Q_i \leq 20$	$20 < Q_i \leq 50$	$50 < Q_i \leq 70$	$70 < Q_i \leq 80$	$Q_i > 80$

（3）植被生态改善评估模型

基于植被覆盖度和植被净初级生产力变化趋势，构建广西植被生态改善指数，模型如下：

$$Q_c = aK_{\mathrm{GVC}} + bK_{\mathrm{NPP}} + e \tag{式7-3-2}$$

$$K_x = \frac{n \times \sum_{i=1}^{n} i \times c_i - \left(\sum_{i=1}^{n} i\right)\left(\sum_{i=1}^{n} c_i\right)}{n \times \sum_{i=1}^{n} i^2 - \left[\sum_{i=1}^{n} i\right]^2} \tag{式7-3-3}$$

式中，Q_c 为植被生态改善指数，K_{GVC} 为植被覆盖度变化趋势率，K_{NPP} 为植被净初级生产力变化趋势率，a、b 为经验系数，e 为常数，c_i 为第 i 年的年植被覆盖度或植被 NPP。根据广西植被覆盖度和植被净初级生产力分布特点，取 a=10，b=1，e=0。$Q_c > 0$，表示在某段时间的变化内区域植被改善，反之植被退化。

基于植被生态改善指数大小，根据广西植被生态质量改善的实际情况，确定广西植被生态质量改善评价等级指标。广西植被生态改善监测等级评价指标见表 7–10。

表 7–10　广西植被生态改善监测等级评价指标表

生态改善	等级					
	明显变差	变差	略变差	略变好	变好	明显变好
Q_c	$Q_c < -25$	$-25 \leq Q_c < -10$	$-10 \leq Q_c < 0$	$0 \leq Q_c < 10$	$10 \leq Q_c < 25$	$Q_c \geq 25$

7.3.2 评价结果

（1）植被生态质量评价结果

2000 年以来，广西植被生态质量指数呈现增长趋势，年增长率为 67.8%，2000 年最低，2001 年之后呈现波动式增加态势，2017 年达 77.7，比 2000 年增加 16.5，达 2000 年以来最高；2000—2004 年、2005—2009 年、2010—2014 年、2015—2019 年广西平均年植被生态质量指数分别为 66.5、67.6、70.2、76.9。2005—2009 年较 2000—2004 年平均植被生态质量稍增加，但不明显。2010 年之后开始呈跳跃式增长，2015—2019 年较 2000—2004 年植被生态增加了 10.4，尤其是 2015—2019 年广西植被生态质量提升显著。

2000—2019 年广西植被生态质量指数变化图见图 7-8。

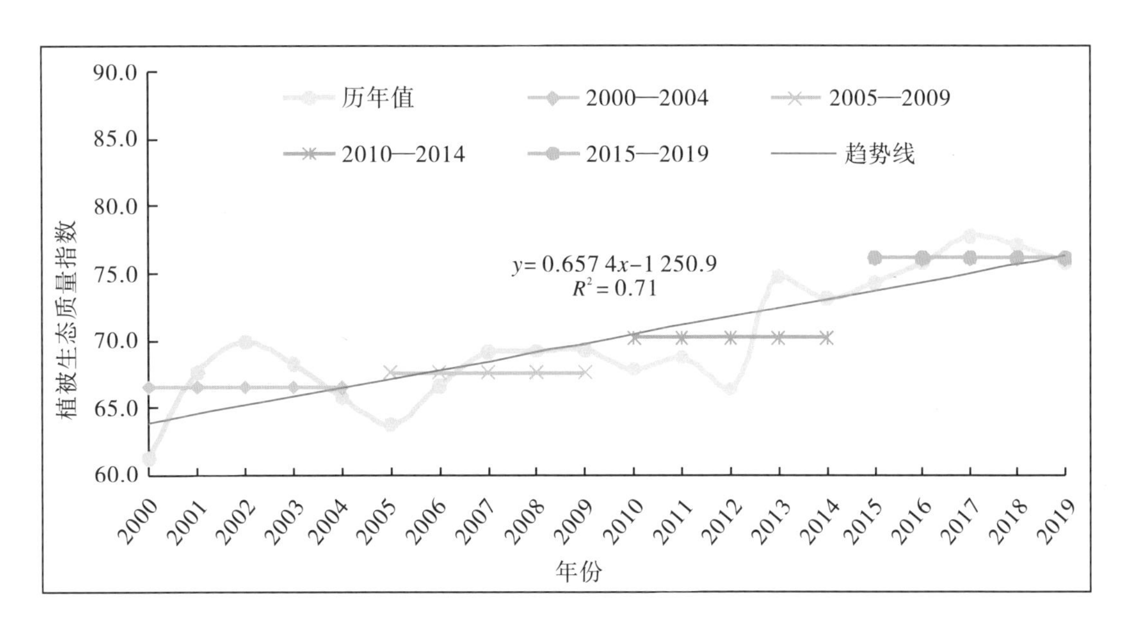

图 7-8　2000—2019 年广西植被生态质量指数变化图

2000 年以来，广西植被生态质量等级总体偏好，差、较差等级面积比逐渐减少，较好、好等级面积比逐渐增大。2000—2004 年，广西有 96.3% 的区域植被生态质量正常偏好，其中，正常等级占面积比最大，为 55.0%；2005—2009 年，广西有 96.8% 的区域植被生态质量正常偏好，其中，正常等级占面积比最大，为 51.4%；2010—2014 年，广西有 97.8% 的区域植被生态质量正常偏好，其中，好等级面积比最大，为 48.9%；2015—2019 年，广西有 98.6% 的区域植被生态质量正常偏好，其中，好等级面积比最大，为 42.1%。2000 年以来广西不同时段植被生态质量等级统计表见 7-11。

表 7-11　2000 年以来广西不同时段植被生态质量等级统计表

等级	2000—2004 年		2005—2009 年		2010—2014 年		2015—2019 年	
	面积 /km²	比例 /%	面积 /km²	比例 /%	面积 /km²	比例 /%	面积 /km²	比例 /%
差	471.2	0.2	501.7	0.2	469.7	0.2	303.4	0.1
较差	8 288.9	3.5	7 020.0	3.0	4 644.7	2.0	2 805.4	1.2
正常	129 589.2	55.0	121 051.8	51.4	93 333.2	39.6	43 803.5	18.6
较好	88 649.3	37.6	97 208.4	41.2	115 292.0	48.9	89 053.6	37.9
好	8 732.2	3.7	9 950.1	4.2	21 990.1	9.3	98 928.0	42.1

2000 年以来，广西植被生态质量好等级逐渐由东部、南部向西部、北部延伸。2000—2009 年，广西植被生态质量好等级主要分布在东部的梧州市和贵港市，南部的防城港市，2010—2014 年广西植被生态质量好等级延伸至玉林市、钦州市、崇左市，2015—2019 年广西植被生态质量继续延伸至百色市、河池市。

广西各时段植被生态质量等级分布见图 7-9。

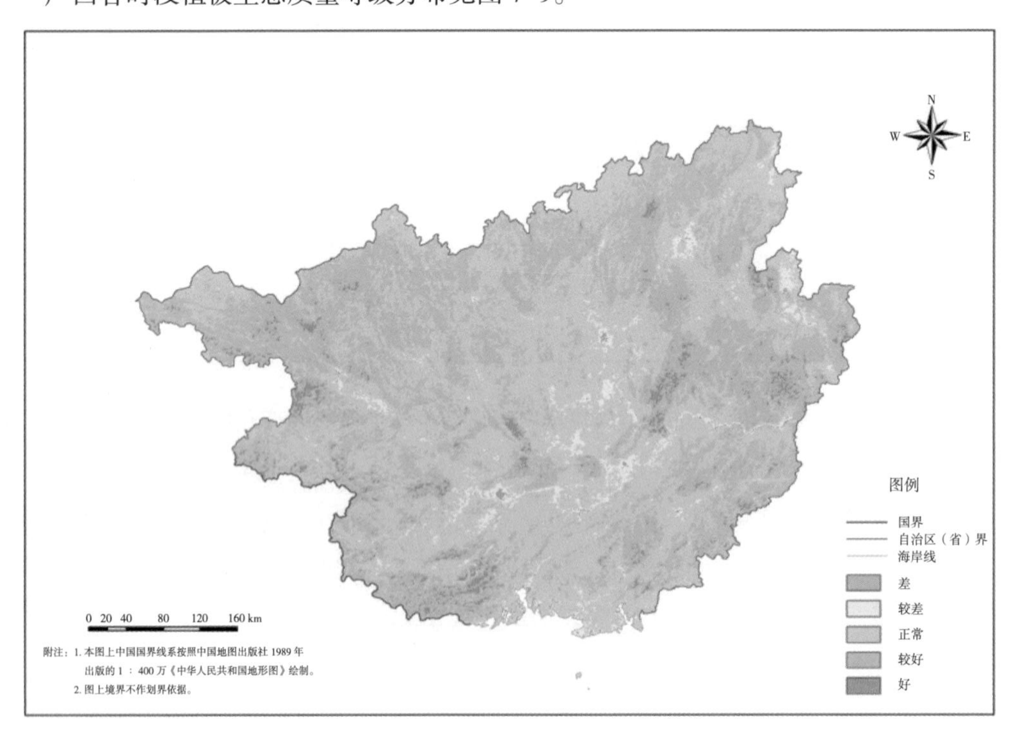

（a）2000—2004 年

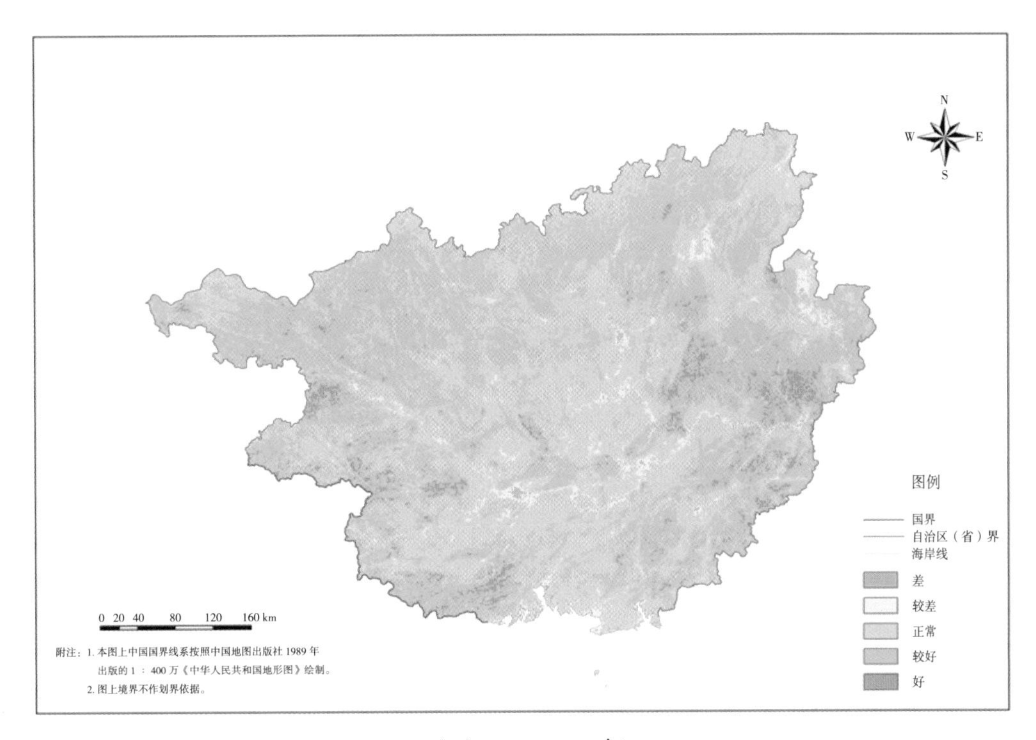

（b）2005—2009 年

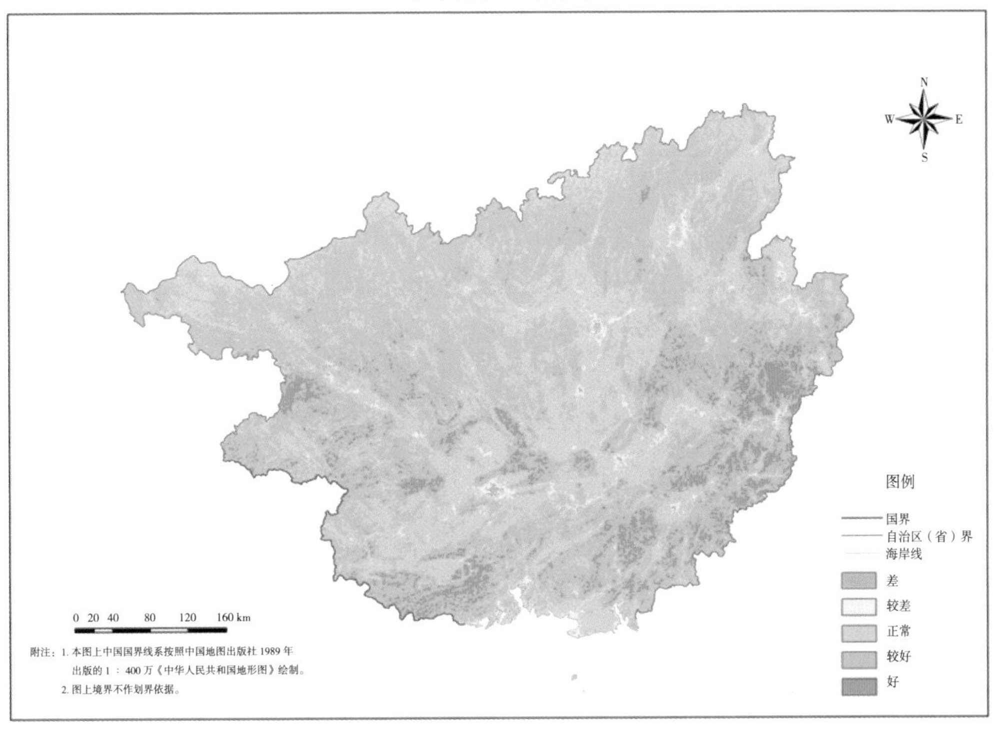

（c）2010—2014 年

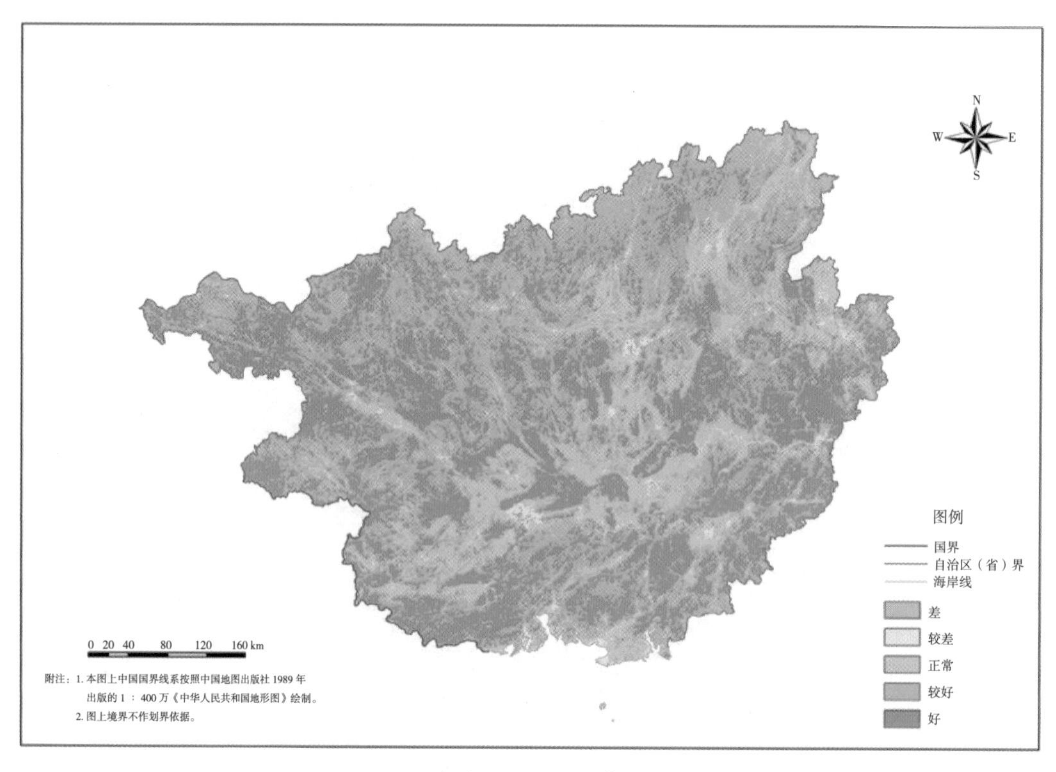

（d）2015—2019 年

图 7-9　广西各时段植被生态质量等级分布

（2）植被生态改善评价结果

2000 年以来广西植被生态改善状况总体良好，广西植被生态有了不同程度的改善。2000—2004 年，桂东、桂中植被生态改善程度最好，桂西、桂东北植被生态改善状况相对偏差；2000—2009 年，桂东、桂南植被生态较好，桂西南、桂西北、桂东北植被生态改善较差；2000—2014 年，桂南植被生态改善较好，桂西北较差；2000—2019 年，大部分地区植被生态改善较好，桂南、桂中植被生态改善最好，城镇地区生态改善偏差。

广西各时段植被生态改善等级分布见图 7-10。

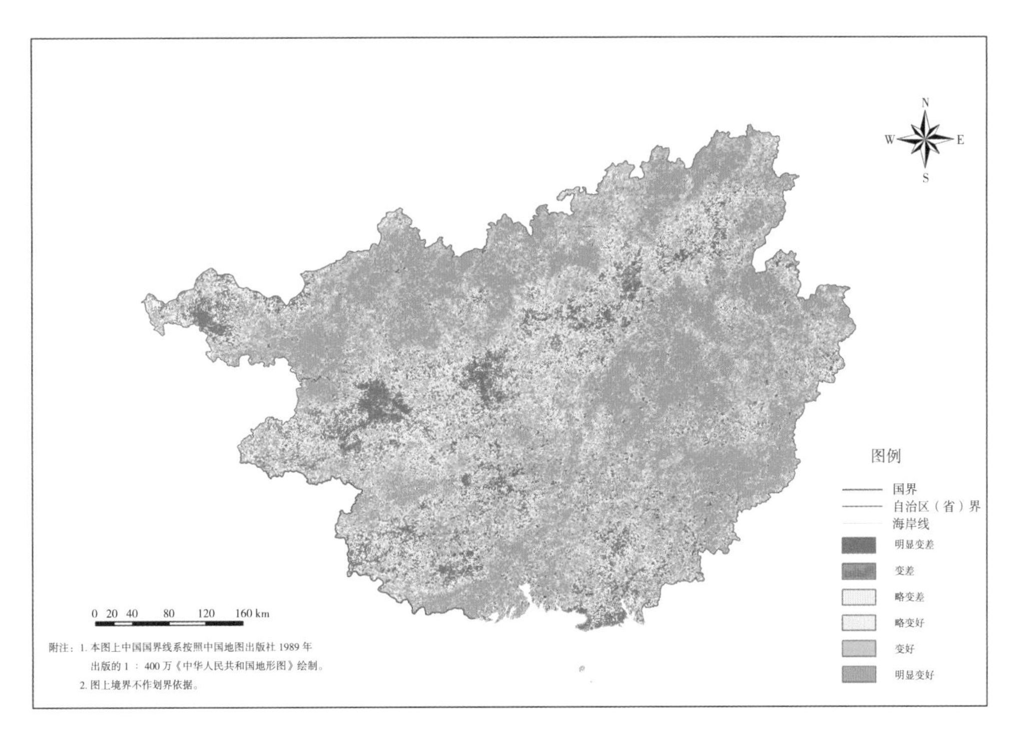

（a）2000—2004 年

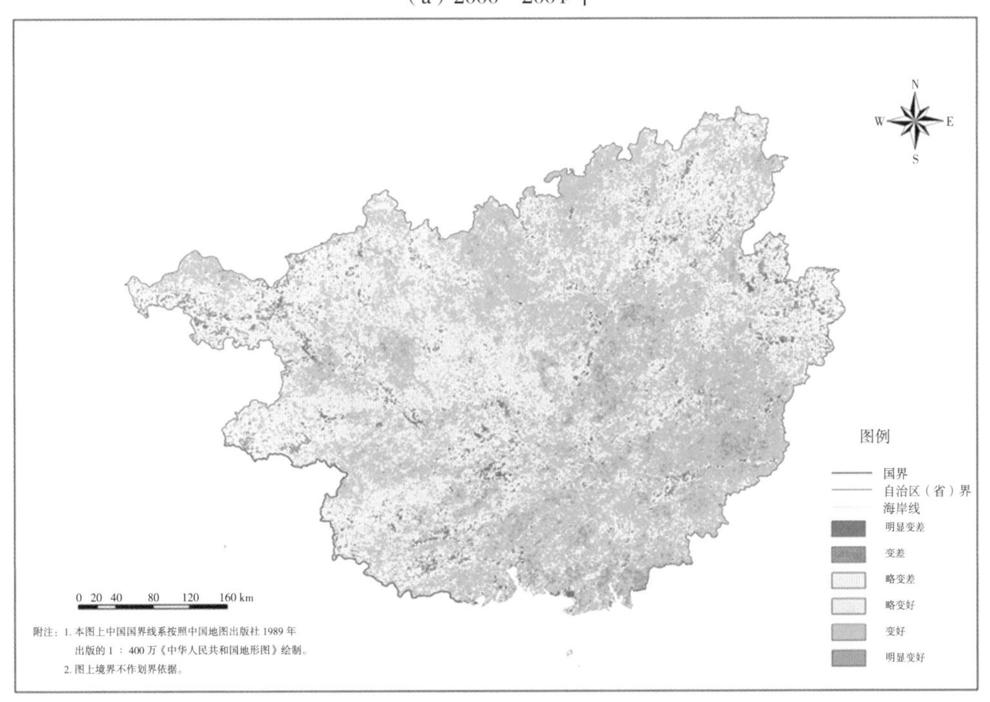

（b）2000—2009 年

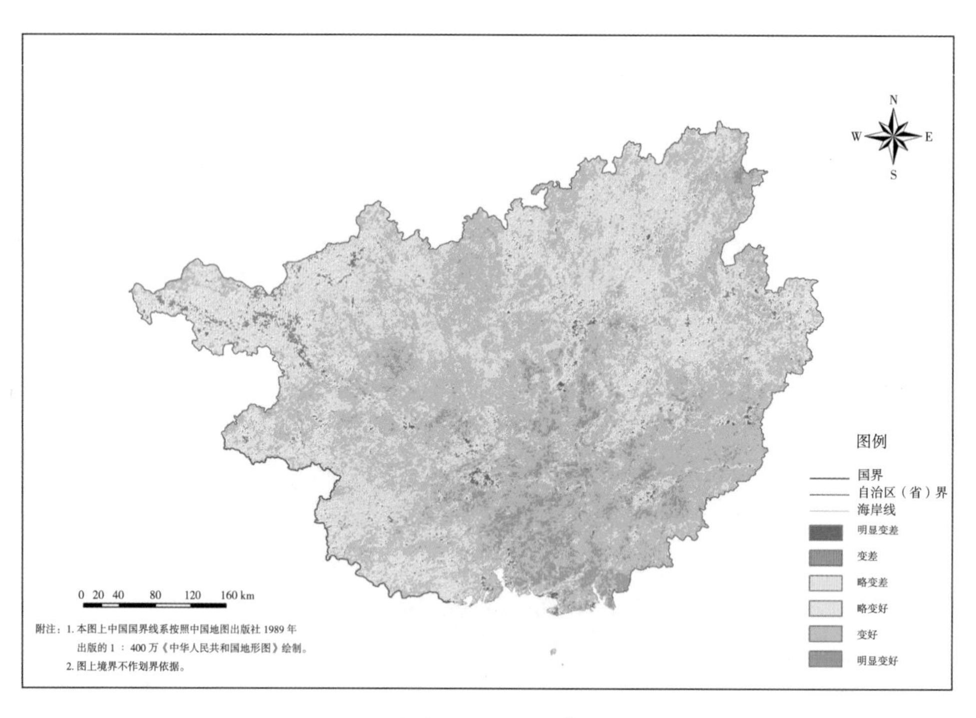

（c）2000—2014 年

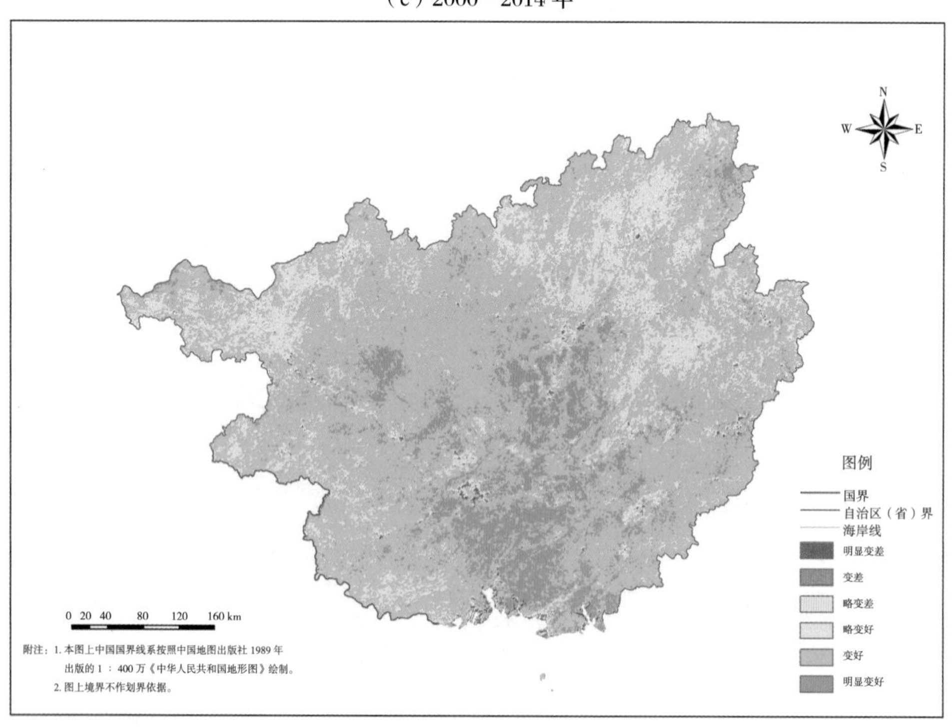

（d）2000—2019 年

图 7-10　广西各时段植被生态改善等级分布

2000 年以来，广西植被生态改善等级总体变好，变差等级面积比例逐渐减少，变好等级面积比例逐渐增大。2000—2004 年，广西有 77.1% 的区域植被生态变好，其中，明显变好等级面积比例最大，为 32.9%；2000—2009 年，广西有 79.1% 的区域植被生态变好，其中，略变好等级面积比例最大，为 39.0%；2000—2014 年，广西有 88.0% 的区域植被生态变好，其中，变好等级面积比例最大，为 44.8%；2000—2019 年，广西有 98.0% 的区域植被生态变好，其中，变好等级面积比例最大，为 65.9%。

2000 年以来广西不同时段植被生态改善状况见表 7-12。

表 7-12 2000 年以来广西不同时段植被生态改善状况统计表

等级	2000—2004 年		2000—2009 年		2000—2014 年		2000—2019 年	
	面积 /km²	比例 /%	面积 /km²	比例 /%	面积 /km²	比例 /%	面积 /km²	比例 /%
明显变差	8 240.1	3.5	1 089.7	0.5	455.4	0.2	570.0	0.2
变差	19 213.8	8.2	8 898.3	3.8	3 576.5	1.5	753.4	0.3
略变差	25 857.9	11.1	39 372.8	16.7	24 265.2	10.3	3 514.0	1.5
略变好	36 966.7	15.9	92 071.9	39.0	89 060.0	37.7	47 319.0	20.0
变好	66 069.5	28.3	84 172.0	35.6	105 956.2	44.8	155 808.3	65.9
明显变好	76 809.8	32.9	10 747.7	4.5	13 073.4	5.5	28 395.6	12.0

7.4 森林生态功能评价

森林与人类的关系源远流长，森林生态系统所具有的多方面生态功能，促进了人类的进化与发展，对改善人类生存环境、维护生态平衡起着决定性作用，在实现可持续发展中具有不可替代的作用。利用 2020 年森林资源固定样地调查与更新数据，依据《森林资源连续清查技术规程》（GB/T 38590—2020）中规定的森林生态功能等级评定方法，从整体上评价了 2020 年广西森林生态质量等级分布情况，并参照《广西森林生态系统服务价值评估报告（2019 年）》中不同森林类型的单位面积森林生态系统服务功能价值量的大小，求算林地资源变化对应的生态系统服务功能价值的变化量，阐述了森林在保障经济社会可持续发展中的重要地位和作用，为保护和发展森林资源，开展绿色 GDP 核算，建立完善森林生态效益价值补偿机制提供参考。

7.4.1 森林生态功能综合评价

参照《森林资源连续清查技术规程》（GB/T 38590—2020）中的相关标准，选取森林生物量、森林自然度、森林群落结构、树种结构、林分平均高、郁闭度、植被总覆盖度、枯枝落叶厚度共 8 个评价因子，构建生态指数评价体系。森林生态功能评价因子及类型划分见表 7-13。

表 7-13　森林生态功能评价因子及类型划分表

序号	评价因子	类型划分			权重
		Ⅰ	Ⅱ	Ⅲ	
B1	森林生物量	≥ 150 t/hm^2	50 ～ 149 t/hm^2	＜ 50 t/hm^2	0.20
B2	森林自然度	Ⅰ，Ⅱ	Ⅲ，Ⅳ	Ⅴ	0.15
B3	森林群落结构	完整结构	较完整结构	简单结构	0.15
B4	树种结构	类型 6，7	类型 3，4，5	类型 1，2	0.15
B5	植被总覆盖度	≥ 70%	50% ～ 69%	＜ 50%	0.10
B6	郁闭度	≥ 0.70	0.40 ～ 0.69	0.20 ～ 0.39	0.10
B7	平均树高	≥ 15.0 m	5.0 ～ 14.9 m	＜ 5.0 m	0.10
B8	枯枝落叶厚度等级	1	2	3	0.05

结合 2020 年森林资源固定样地调查与更新数据，落在本次监测范围的固定样地有 2 653 个，总面积为 1 273.44 × 10^4 hm^2。广西森林生态功能指数值为 0.48，说明广西森林生态功能等级总体为“中”；森林生态功能等级为“中”的样地有 2 089 个，占比最大，为 78.7%，面积为 1 002.72 × 10^4 hm^2；森林生态功能等级为“好”的样地有 93 个，占 3.5%，面积为 44.64 × 10^4 hm^2；森林生态功能等级为“差”的样地有 471 个，占 17.8%，面积为 226.08 × 10^4 hm^2。广西森林生态功能等级评价见表 7-14。

表 7-14　广西森林生态功能等级评价表

功能等级	森林生态功能指数	样地数 / 个	占比 /%	面积 /（10^4 · hm^2）
好	0.74	93	3.5	44.64
中	0.50	2 089	78.7	1 002.72
差	0.37	471	17.8	226.08
合计	0.48	2 653	100.0	1 273.44

不同优势树种（组）森林生态功能指数大小顺序为阔叶混交林＞针阔混交林＞阔叶林＞松树林＞杉木林＞桉树林＞灌木林，其中阔叶混交林指数达到 0.58，而桉树林指数只有 0.42，低于广西整体水平；从树种类型考虑，阔叶树质量等级明显高于其他树种，说明阔叶树具有更高的生态功能指数，具有较高的森林稳定性，森林结构合理，自然演替能力强，抵御森林病虫害能力强，其生态功能指数高；相比，在“差”等级分布中，桉树林占比最大，占到总等级的 38.3%，说明桉树森林结构分布不合理，整体质量较差，后期需要加强森林抚育及森林经营措施，加强树种调整的力度，提升整体森林质量及生态服务质量。广西森林生态功能指数评价按优势树种（组）统计见表 7–15。

通过统计分析，得出在今后的营造林过程中，应加强培育混交林分，且重点是阔叶树和针叶树等森林生态指数较高的树种为优选，合理调整森林的树种结构、空间配置，共同致力提升广西区域森林生态质量水平，以实现森林的可持续利用。

7.4.2 基于土地利用变化的森林生态系统服务功能价值评估

全面科学地评估森林生态系统服务功能，定期掌握森林生态系统服务价值，充分认识“绿水青山就是金山银山”的深刻含义显得尤为重要。目前，森林生态系统服务功能价值量评估方法主要分为两类，即功能价值法和当量因子法。功能价值法主要在《森林生态系统服务功能评估规范》（GB/T 38582—2020）的指导下，结合森林资源数据和不同类型生态站连续监测数据来求算，其特点是测算体系系统化、类型精细化，难点是需要的数据量大，数据获取的途径繁杂。当量因子法是基于专家知识的生态系统服务单价评估体系，利用不同类型生态系统服务价值相对于农田食物生产价值的相对重要性来确定的生态系统服务功能的价值当量，结合不同生态类型的面积求算生态系统服务功能价值，特点是测算方法简约，对数据要求少，能在较短时间内获得较为精准的结果，但当量因子法是通过专家经验打分量化生态系统服务功能，存在一定主观性。

2020 年，广西开展了“2019 年度森林生态系统服务价值评估”工作，评估工作依据《森林生态系统服务功能评估规范》（GB/T 38582—2020），以 2019 年森林资源“一张图”成果数据为本底，对广西的森林（林地森林和非林地森林）生态服务价值进行全面评估，完成了《广西森林生态系统服务价值评估报告（2019）》，为广西林业生态发展提供数据依据；本文引用当量因子法求算价值量的思想，参照报告中的已有成果，以 2019 年不同森林类型的单位面积价值量为基础，结合 2020 年森林资源现状数据库，快速求算了 2020 年广西森林生态系统服务功能价值，并分析了 2020 年广西森

表 7-15　广西森林生态功能指数评价按优势树种（组）统计表

优势树种	样地数/个	面积/（10^4·hm^2）	功能指数	森林生态功能指数评价等级								
				好			中			差		
				样地数/个	占比/%	面积/（10^4·hm^2）	样地数/个	占比/%	面积/（10^4·hm^2）	样地数/个	占比/%	面积/（10^4·hm^2）
松树林	266	127.68	0.49	3	3.2	1.44	239	11.4	114.72	24	5.1	11.52
杉木林	440	211.20	0.45				374	17.9	179.52	66	14.0	31.68
桉树林	730	350.40	0.42				451	21.6	216.48	279	59.2	133.92
阔叶林	257	123.36	0.50	2	2.2	0.96	212	10.1	101.76	43	9.1	20.64
阔叶混交林	722	346.56	0.58	83	89.2	39.84	632	30.3	303.36	7	1.5	3.36
针阔混交林	119	57.12	0.55	5	5.4	2.40	114	5.5	54.72			
灌木林	119	57.12	0.41				67	3.2	32.16	52	11.0	24.96
合计	2 653	1 273.44	0.48	93	100	44.64	2 089	100	1 002.72	471	100	226.08

林资源发生变化系统时对应的森林生态系统服务功能变化情况，以期阐明森林资源变化对森林生态系统服务功能的影响。从两个年度森林面积统计情况看，相比 2019 年，2020 年广西森林面积增加了 $206.87 \times 10^4\ hm^2$，其中，林地森林增加了 $240.13 \times 10^4\ hm^2$，主要是有林地和灌木林地增幅比重大，而非林地森林的面积减少了 $33.26 \times 10^4\ hm^2$。2019—2020 年广西林地类型变化见表 7–16。

表 7–16　2019—2020 年广西林地类型变化表

林地类型		2019 年		2020 年		面积变化量 /（$10^4 \cdot hm^2$）
		面积 /（$10^4 \cdot hm^2$）	占比 /%	面积 /（$10^4 \cdot hm^2$）	占比 /%	
林地森林	小计	1210.75	90.71	1450.88	94.11	240.13
	有林地	1003.17	75.16	1117.22	72.47	114.05
	疏林地	0.69	0.05	0.78	0.05	0.09
	灌木林地	206.89	15.50	332.88	21.59	125.99
非林地森林	小计	124.04	9.29	90.78	5.89	−33.26
	非林地乔木林	85.44	6.40	60.47	3.92	−24.97
	非林地竹林	34.01	2.55	8.49	0.55	−25.52
	非林地灌木林	4.59	0.34	21.82	1.42	17.23
森林合计		1334.79	100	1541.66	100	206.87

根据广西的森林资源特点，将不同的优势树种（组）重新分类，得到杉木林、松木林、阔叶林、桉树林、乔木经济林、竹林、土山灌木林、石山灌木林和灌木经济林 9 个森林类型组；2019 年和 2020 年各森林类型的总面积分别是 $1\ 334.79 \times 10^4\ hm^2$ 和 $1\ 541.66 \times 10^4\ hm^2$，2020 年较 2019 年增加了 $206.87 \times 10^4\ hm^2$。到 2020 年底，各森林类型面积大小排序为阔叶林＞桉树林＞石山灌木林＞松木林＞杉木林＞灌木经济林＞乔木经济林＞竹林＞土山灌木林；具体来看，2019—2020 年，主要的四大树种松树、杉木、阔叶树和桉树面积都在增加，且增幅较大，其他树种（组）增幅不大或呈降低趋势。总体上看，广西主要优势树种（组）面积变化符合近年的营林实施情况。2019—2020 年广西不同森林类型面积变化情况见表 7–17。

表 7-17　2019—2020 年广西不同森林类型面积变化情况表

森林类型	2019 年		2020 年		面积变化量 /（10^4·hm^2）
	面积 /（10^4·hm^2）	占比 /%	面积 /（10^4·hm^2）	占比 /%	
杉木林	171.09	12.8	184.05	11.9	12.96
松树林	178.18	13.3	194.11	12.6	15.93
阔叶林	414.35	31.0	443.84	28.8	29.49
桉树林	217.41	16.3	255.66	16.6	38.25
乔木经济林	56.83	4.3	62.67	4.1	5.84
竹林	40.32	3.0	47.78	3.1	7.46
土山灌木林	6.96	0.5	9.53	0.6	2.57
石山灌木林	133.27	10.0	245.15	15.9	111.88
灌木经济林	116.38	8.7	98.88	6.4	-17.50
合计	1 334.79	100	1 541.66	100	206.87

不同森林类型面积变化会引起森林结构发生改变，结构的改变势必会引起森林生态功能的变化。根据《森林生态系统服务功能评估规范》(GB/T 38582—2020)技术标准，采用森林涵养水源、保育土壤、固碳释氧、林木积累营养物质、净化大气等服务功能来衡量森林的生态系统服务功能的价值，以不同森林类型的单位面积森林生态系统服务功能价值量大小为数据基础，并结合 2020 年森林资源数据，计算得到 2020 年度广西森林生态价值量。2020 年广西森林生态系统服务功能总价值是 15 556.52 亿元，相比 2019 年的 13 699.63 亿元，共增加了 1 856.89 亿元，增幅为 13.6%；不同森林类型价值量大小排序为阔叶林＞桉树林＞松树林＞杉木林＞石山灌木林＞竹林＞灌木经济林＞乔木经济林＞土山灌木林。广西各森林类型生态系统服务功能总价值量中阔叶林所占比例最大，占比将近 40%，说明阔叶林在广西森林生态系统服务功能中占有重要位置，是广西提供服务功能量最大的类型。2019—2020 年广西各优势树种（组）森林生态系统服务功能价值见表 7-18。

表 7-18　2019—2020 年广西各优势树种（组）森林生态系统服务功能价值表

森林类型	单位面积价值量 / 万元	2020 年面积 /（10^4·hm^2）	2019 年价值量 /（万元·hm^{-2}·a^{-1}）	面积占比 /%	2020 年价值量 /（万元·hm^{-2}·a^{-1}）	面积占比 /%	面积变化量 /（10^4·hm^2）
杉木林	10.48	184.05	1 793.61	13.1	1 929.45	12.4	135.84
松树林	10.76	194.11	1 917.65	14.0	2 089.10	13.4	171.45
阔叶林	13.72	443.84	5 683.20	41.5	6 087.68	39.1	404.48
桉树林	11.76	255.66	2 557.71	18.7	3 007.74	19.3	450.04
乔木经济林	3.15	62.67	178.91	1.3	197.29	1.3	18.38
竹林	11.85	47.78	477.74	3.5	566.09	3.6	88.35
土山灌木林	4.06	9.53	28.28	0.2	38.72	0.2	10.44
石山灌木林	5.59	245.15	745.27	5.4	1 370.90	8.8	625.63
灌木经济林	2.73	98.88	317.26	2.3	269.55	1.7	−47.71
合计	—	1 541.67	13 699.63	100	15 556.52	100	1 856.90

《广西森林生态系统服务价值评估报告（2019）》中的森林生态系统服务功能价值量核算，是从森林发挥的直接经济价值、间接经济价值和生态与环境价值三方面来求算，各项核算参数短时间内很少发生改变，故不同森林类型单位面积的价值量在短期内维持稳定，通过生态价值当量换算，评价了 2020 年广西森林生态系统服务功能价值总量；从结果分析，广西森林生态价值总量持续增加，其中乔木林地的森林类型增加得最为显著，乔木林地不仅是区域主要景观类型，也是森林生态系统服务功能总量的主要贡献者，其次为灌木林地等其他地类，这符合广西森林生态系统服务功能价值的发展趋势。功能价值法和当量因子法的结合使用，避免了因主观判断、数据监测周期长等因素导致的测算误差大的难题，将有利于更高效地开展森林生态价值评估工作。同时，森林结构的变化是森林资源变化的驱动力，而森林资源变化会导致森林生态系统服务功能的改变，按不同森林类型来分析其森林生态系统服务功能价值的贡献程度，将有助于森林经营管理者了解区域内不同树种结构差异是如何引起服务功能的变化的，

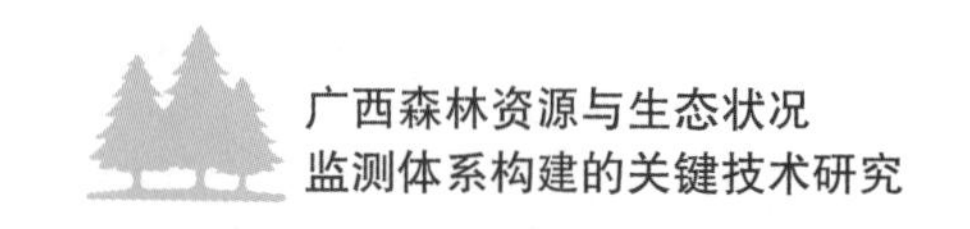

从而合理配置林地内树种结构关系和其他用地的分布格局，并通过制定适当的林地利用规划来实现森林资源的可持续经营，提升森林生态系统服务功能。

7.5 森林资源与生态战略地位评价

7.5.1 在全国林业建设中的地位

2015 年，广西森林面积占全国森林面积的 6.9%，居全国第六；森林覆盖率 60.17%，居全国第三，西部地区第一；人均森林面积 0.27 hm^2，是全国人均占有量的 1.9 倍；森林蓄积量占全国森林蓄积量的 5.4%，居全国第八；人均森林蓄积量 16.75 m^3，相当于全国人均占有量的 1.7 倍；森林碳储量 4.14 亿吨，居全国第八；林木年均生长量 $8\ 493.90 \times 10^4\ m^3$，占全国总生长量的 9.2%，居全国第二，单位面积生长量居全国第一；红树林面积 9 330 hm^2，仅次于广东省，位居全国第二；广西是国家木材战略核心储备区，储备林建设面积、年木材产量均居全国第一。可见，广西森林在全国林业生态建设中具有重要的地位，对于维护边境地区生态安全，保障木材有效供给战略意义重大。

各省（自治区、直辖市）森林资源雷达图见图 7–11。

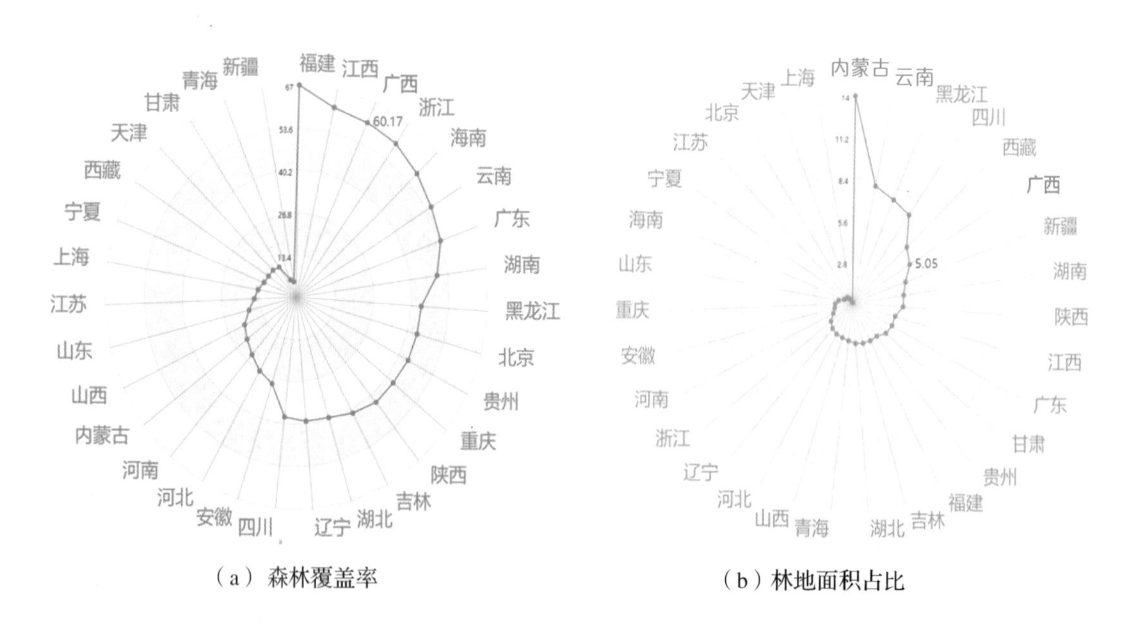

（a）森林覆盖率　　（b）林地面积占比

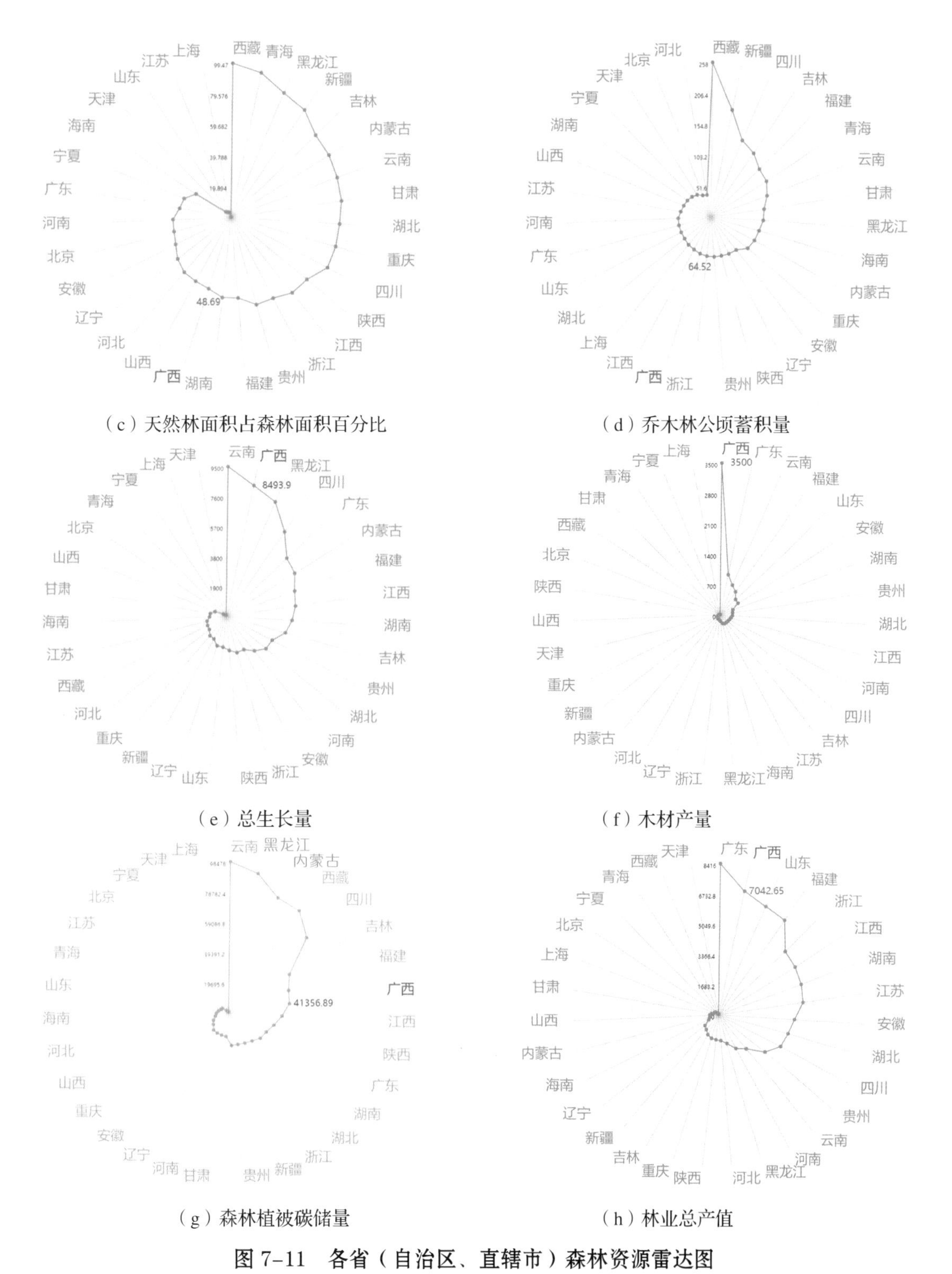

（c）天然林面积占森林面积百分比　（d）乔木林公顷蓄积量

（e）总生长量　（f）木材产量

（g）森林植被碳储量　（h）林业总产值

图 7–11　各省（自治区、直辖市）森林资源雷达图

注：资料源于《中国森林资源报告（2014—2018）》、《中国林业和草原统计年鉴（2019）》，不包括港澳台地区。

7.5.2 在区域生态保护中的地位

维护流域生态安全　广西境内河流众多，分属珠江流域西江水系，长江流域湘、资江水系，桂南沿海诸河水系红河流域，百都河水系。其中珠江流域西江水系面积占广西土地面积的 85.2%。森林对降雨径流的调节作用，有效地固持了土壤，净化了水质，减轻了水土流失对流域生态环境的影响，有效维护了流域的生态安全，擦亮了“山清水秀生态美”金字招牌。

助推减排目标实现　森林是陆地上最大的储碳器和最经济的吸碳器，广西森林生长快，固碳释氧能力强，对降低温室气体的浓度，应对气候变化，抵消工业碳排放，拓展经济社会发展的环境容量，实现广西节能、减排、降碳目标具有重要的地位和作用。

维护生物多样性　广西森林资源丰富，植被类型多样，孕育了极其丰富的植物、动物和微生物物种，是中国生物多样性特别丰富的省区之一。已知野生高等植物 9 494 种、野生脊椎动物 1 906 种，居全国第三。健康稳定的森林生态系统，为植物、动物和微生物提供了良好的栖息环境，对维护物种多样性具有不可替代的作用。

恢复退化生态系统　广西喀斯特地貌分布范围广，涉及 10 个市的 77 个县（市、区），喀斯特土地面积约占广西土地总面积 35%。过去喀斯特地区森林植被稀少，生态系统退化，石漠化严重。随着石漠化综合治理工程的实施，森林植被得到了有效恢复，森林覆盖率逐年提高，森林对减轻水土流失，遏制石漠化，恢复退化生态系统的重要作用已充分显现。

构筑沿海生态屏障　广西南临北部湾，海岸线全长 1 595 km。目前沿海基干林带（海防林）面积 1 200 hm^2，滨海红树林面积 9 330 hm^2，主要分布在北海的英罗港湾、铁山港湾、丹兜海和廉州湾，钦州的钦州湾、茅尾海和大风江口，防城港的东西湾和珍珠港湾等一带，为维护沿海地区生态安全发挥重要作用。

7.5.3 在区域经济发展中的地位

助力县域经济发展　森林具有多种功能效益，其经济功能在广西显得尤为突出，森林生产的木材和林副产品，为广西林产工业的发展提供了基础保障；森林生态产品，促进了广西森林旅游、森林康养业的发展。2020 年广西林业产值 7 662 亿元，占广西国内生产总值的 34.5%，森林产品在县域经济发展中的地位举足轻重。

助力脱贫攻坚和乡村振兴　广西贫困人口主要分布在山区，山区的主导产业是林业，林业产业的基础是森林。“十三五”期间，广西通过实施生态护林员政策、公益林补助、贫困养殖户转产帮扶，油茶“双千”计划等，累计带动 60 万贫困人口稳定脱贫，带动

120 万贫困人口增收。展望“十四五”，随着林业现代化建设进程加快，森林精准质量提升工程的深入推进，将为乡村振兴注入新的活力。

助力中国与东盟国际大通道构建　根据新时代赋予广西“三大定位”新使命，2016 年国家林业局批准成立“国家林业局东盟林业合作研究中心”，有效促进了广西与东盟各国的林业合作。东盟各国约有 1.4 亿人依靠森林作为收入来源。林业是中国 – 东盟全方位合作的重要组成部分，《南宁倡议》提出应发挥技术和资源优势，在桉树种植、油茶良种选育与栽培、林产品加工与贸易等领域进行合作。

7.5.4 森林在生态文明建设中的地位

生态文明是人类为保护和建设美好生态环境而取得的物质成果、精神成果和制度成果的总和，是贯穿于经济建设、政治建设、文化建设、社会建设全过程和各方面的系统工程。林业是生态文明建设的主体，森林和森林生态文化在生态文明建设中具有重要地位。森林是陆地生态系统的主体，是保护和建设人类美好生态环境的基本要素。森林文化是建设生态文明的最适合载体，通过打造森林生态文化产品、丰富体验活动，增强人类敬畏自然、崇尚自然、爱护自然意识，努力推动形成绿色生产和生活方式，实现人与自然和谐共生的目标。

参考文献

[1] 詹昭宁 . 森林生产力的评定办法［M］. 北京：中国林业出版社，1982.
[2] 王雪军，张煜星，黄国胜，等．赣州市林地质量评价及生产潜力研究［J］. 江西农业大学学报，2014，36（5）：1159-1166.
[3] 滕维超，万文生，王凌晖．森林立地分类与质量评价研究进展［J］. 广西农业科学，2009，40（8）：1110-1114.
[4] 付晓，曹霖，王雪军，等 . 吉林省林地立地质量评价及生产潜力研究 [J]. 中南林业科技大学学报，2019，39（5）：1-9.
[5] 国家林业局 . 林地保护利用规划林地落界技术规程：LY/T 1955—2011[S]. 北京：中国标准出版社，2011.
[6] 张会儒，雷相东，张春雨，等 . 森林质量评价及精准提升理论与技术研究 [J]. 北京林业大学学报，2019，41（5）：1-18.
[7] 周洁敏 . 森林资源质量评价方法探讨 [J]. 中南林业调查规划，2001，4(2)：5-8.
[8] 国家林业和草原局调查规划设计院 . 森林资源连续清查技术规程：GB/T 38590-

2020[S]. 北京：中国标准出版社，2021：42-45.

[9] 何欢，张蓓，刘金山．森林资源生态功能质量评价因子探讨[J]. 华东森林经理，2015，29（1）：36-40.

[10] 国家林业和草原局．中国林业和草原统计年鉴（2019）[M]. 北京：中国林业出版社，2020.

[11] 国家林业和草原局．中国森林资源报告：2014—2018[M]. 北京：中国林业出版社，2019.

[12] 郑小贤．森林文化、森林美学与森林经营管理[J]. 北京林业大学学报，2001（2）：93-95.

[13] 广西壮族自治区森林资源与生态环境监测中心．广西森林生态系统服务价值评估报告：2019[R]. 2020.

[14] 谢高地，甄霖，鲁春霞，等．一个基于专家知识的生态系统服务价值化方法[J]. 自然资源学报，2008（05）：911-919.

[15] 谢高地，张彩霞，张雷明，等．基于单位面积价值当量因子的生态系统服务价值化方法改进[J]. 自然资源学报，2015，30（08）：1243-1254.

第 8 章　森林资源与生态状况预警模型研究

8.1 预警研究概况

监测是在一定时间内对系统连续地追踪与量测，目的是获得足够的信息量控制和管理监测对象。预测是在对系统变量的自身变化规律把握的基础上，利用某一变量与另外一些变量之间的变化规律，利用数学方法和计量模型，对系统变量的变化趋势做出估计。预警是在预测的基础上发展而来的，但更强调异常数据对系统的影响。关于预警的理论比较早出现在军事领域，是对某一现象的现状和未来进行测度，预报不正常状态，并提出防范。此后预警逐渐应用于宏观经济领域、自然灾害领域等。在经济和社会领域方面，早在 1888 年，法国经济学家 Alfred Fourille 在巴黎统计学会发表了《社会和经济的气象研究》，采用黑、灰、淡红、大红几种颜色分别代表影响经济波动因素的四种状态，阐述了监测预警的思想；1990 年，国家统计局建立了“中国宏观经济监测和预警模型”；1992 年，朱庆芳在《社会指标的应用》中提出了包括反应经济、生活水平、社会问题、民意等方面 40 多个指标的社会综合报警指标体系。1975 年建立的全球环境监测体系（GEMS），对全球环境质量进行监测，并对所获得的信息进行分析预警。1987 年，陶骏昌主编的《农业预警系统与农业宏观调控》，阐述了农业预警的基础理论、原理、过程与方法；2006 年，文俊出版的《区域水资源可持续利用预警系统研究》，提出了水资源预警系统理论体系、方法、模型、信息系统。2016 年，国家发展和改革委员会、工业和信息化部、国家林业局等 13 部门联合印发《资源环境承载能力监测预警技术方法（试行）》，文件指出，建立资源环境承载能力监测预警机制，是中央全面深化改革的重大任务，并要求组织开展以县级行政区为单元的资源环境承载力监测预警报告。

林业资源预警研究方面，1999 年，吴延熊比较系统地开展了区域森林资源预警研究，提出了预警理论的哲学基础，预测、监测和预警的概念与关系，区域森林资源可持续发展指标预警以及技术系统研建。2018 年，王兵提出森林生态系统健康预警方法。在森林资源灾害领域应用，2003 年，关文彬等提出荒漠化地区生态脆弱度、荒漠化发生的危险度评价的荒漠化危害预警模型；2011 年，卞西陈等以“压力 – 状态 – 响应”模型的基本理论为主线，提出人工林生态系统健康状况预警体系；2012 年，南海涛采用基于视频图像分析技术的林区烟火智能处理技术，提出森林火灾动态监测预警技术；董振辉探索全国大区域林业生物灾害预警系统研究。在森林生态预警方面，2012 年，朱宁对北京市森林生态安全进行预警研究；2013 年，石美华对森林生态环境预警指标进行研究；2014 年，谢莹对重要湿地生态预警指标及响应机制开展研究。总体上看，林业预警研究方兴未艾，关于森林资源与生态状况预警研究还处于探索阶段。

8.2 基于管理目标贴近度的预警模型

8.2.1 逼近理想值的排序法

TOPSIS（Technique for Order Preference by Similarity to an Ideal Solution）评价法是 C.L.Hwang 和 K.Yoon 于 1981 年首次提出的一种应用于多指标决策分析过程中，对现有对象进行相对优劣排序的评价方法。该方法设定了两个理想值，一个是最优目标理想值（positive ideal solution），一个是最劣目标理想值（negative ideal solution）。当需要评价最好的目标时，距离最优目标理想值最近，反之则是距离最劣目标理想值最近。TOPSIS 评价法通过数据归一化处理，首先确定多目标中的最优目标和最劣目标，再分别计算出各个评价指标与最优目标和最劣目标的相对距离，得到各个指标的理想贴近度，最后按照理想贴近度大小进行排序，从而得到各个评价指标的优劣关系。此方法有两个特点：一是避免了数据的主观性，评价指标因子的量纲影响，不需要目标函数，能够很好地刻画多个影响指标的综合影响力度；二是适用范围广，对数据分布及样本含量没有严格限制，多评价单元、多样本量或是小样本量都可以使用。因此，TOPSIS 评价法在土地利用规划、物料选择评估和项目投资等多个领域得到了成功的应用，明显提高了多评价因子决策的科学性、准确性和可靠性。本文探索森林资源监测应用 TOPSIS 评价法，来解决监测过程中的综合评价和预警问题。

8.2.2 模型设计

本研究采用模型预警法来对森林生态监测指标完成状态进行预警。在连续监测的过程中，完成状态指标的“好”与“坏”缺少确认的数量界限，具有一定的模糊性。例如“十三五”规划设定了 2020 年的森林覆盖率指标，但是却没有明确地规定 2016 到 2019 年的覆盖率，在这种情况下，是否处于森林覆盖率指标预警状态无法进行描述。针对这个情况，本研究采用物元的思想来对森林生态监测指标预警进行探讨。

对于森林生态监测系统 S，如果存在评价指标的期望值 $Q=\{q_1,q_2,q_3,\cdots,q_n\}$，用物元可以表示为

$$S=(Q_n,X_n,P_n)=\begin{bmatrix} q_1 & x_1 & p_1 \\ q_2 & x_2 & p_2 \\ \vdots & \vdots & \vdots \\ q_n & x_n & p_n \end{bmatrix}$$ 式 8-2-1

式中，X_n 表示第 n 个监测指标的值，P_n 是一个区间，表示该指标的确定阈。如果 X_n 不在这个确定阈之内，那么就发出预警。

不同指标的监测值量纲是不一样的，难以放在一起去分析和评价，因此需要使用数据归一化的方法来消除量纲的影响。设定评价对象有 m 个，评价指标有 n 个，那么可以得到一个 $m\times n$ 的评价矩阵：

$$X=\begin{bmatrix} x_{11} & x_{12} & \cdots & x_{1n} \\ x_{21} & x_{22} & \cdots & x_{2n} \\ \vdots & \vdots & \ddots & \vdots \\ x_{m1} & x_{m2} & \cdots & x_{mn} \end{bmatrix}$$ 式 8-2-2

在进行归一化之前，要先对指标进行分类，不同类型的指标进行归一化的方法不同。本文把指标分成两类：效益型（当监测值大于期望值时合格）和成本型（当监测值小于期望值时合格）。对于效益型指标，进行数据归一化的方法为

$$z_{ij}=\begin{cases} 1-\dfrac{\left|x_{ij}-M_j\right|}{\max\left\{\left|x_{ij}-M_j\right|\right\}}, x_{ij}<M_j, 1<i<m, 1<j<n \\ 1,\ x_{ij}\geqslant M_j \end{cases}$$ 式 8-2-3

对于成本型指标，进行数据归一化的方法为

$$z_{ij}=\begin{cases} 1-\dfrac{\left|x_{ij}-M_j\right|}{\max\left\{\left|x_{ij}-M_j\right|\right\}}, x_{ij}<M_j, 1<i<m, 1<j<n \\ 1,\ x_{ij}\leqslant M_j \end{cases}$$ 式 8-2-4

式中，M_j 是第 j 个指标的期望值，x_{ij} 表示第 i 个对象的第 j 个指标的值。$\max\left\{\left|x_{ij}-M_j\right|\right\}$ 是指标值与期望值的差值绝对值的最大值。这里需要说明的是，在监测指标趋近于期望值的情况下，该值是期望值与监测的初始时刻的差值，初始时刻的归一化值为 0；在监测指标远离期望值的情况下，那么该时刻归一化后的值为 0，这时就要发出预警。从上面可以得到，每一个指标数据归一化后的值 Z_{ij} 在［0，1］之间，这表示该指标的确定

域 $p_n \in [0,1]$。在监测过程中，指标的确定域随着时间变化而变化，每个指标在 t 时刻的确定域都为 $[c_t,1]$。对应的生态监测系统 S 为

$$S=(M_n,X_n,[c_t,1])=\begin{bmatrix} m_1 & x_1 & \\ m_2 & x_2 & [c_t,1] \\ \vdots & \vdots & \\ m_n & x_n & \end{bmatrix} \quad \text{式 8-2-5}$$

上述对每个指标进行归一化之后，系统还需要一个综合的评价，综合评价的方法使用了 TOPSIS 评价法，其内容如下。

对数据矩阵归一化处理后得到矩阵 Z:

$$X\to Z=\begin{bmatrix} z_{11} & z_{12} & \cdots & z_{1n} \\ z_{21} & z_{22} & \cdots & z_{2n} \\ \vdots & \vdots & \ddots & \vdots \\ z_{m1} & z_{m2} & \cdots & z_{mn} \end{bmatrix} \quad \text{式 8-2-6}$$

对于新的标准化矩阵 Z，提取该矩阵每一列的最大值，生成正理想矩阵：

$$Z^*=(z_1^{\max},z_2^{\max},z_3^{\max}\dots,z_n^{\max}) \quad \text{式 8-2-7}$$

同理提取矩阵 Z 的最小值，生成负理想矩阵：

$$Z^*=(z_1^{\min},z_2^{\min},z_3^{\min}\dots,z_n^{\min}) \quad \text{式 8-2-8}$$

对每个对象，都可以计算它与 Z^* 和 Z 的欧式距离：

$$S_i^{\max}=\sqrt{\sum_{i=1}^{m}\sum_{j=1}^{n}w_j(z_{ij}-z_i^{\max})^2},0<i\leqslant m,0<j\leqslant n \quad \text{式 8-2-9}$$

$$S_i^{\min}=\sqrt{\sum_{i=1}^{m}\sum_{j=1}^{n}w_j(z_{ij}-z_i^{\min})^2},0<i\leqslant m,0<j\leqslant n \quad \text{式 8-2-10}$$

式中，$S_i^{\max}$ 表示第 i 个对象的正理想解，$S_i^{\min}$ 表示第 i 个对象的负理想解。综合评价因子 C 的计算方法为

$$C=\frac{S^{\min}}{S^{\max}+S^{\min}} \quad \text{式 8-2-11}$$

计算结果 $0<C<1$，C 越接近 1，代表完成情况越好。森林生态指标监测是一个连续、分布均匀和长期的过程，各个指标和综合评价因子的值在理想状态下都是逐渐趋近 1。假定监测的总时长为 T，根据生态指标的增长是均匀分布的特点，那么某时刻 t 的确定域下限为

$$c_t = \frac{t}{T}$$ 式 8-2-12

在预警建模中，对比任意时刻的值 x_t 和确定域 c_t，可以判定预警等级，具体内容如下：

无警：$x_t > c_t$ 且 $x_t > x_{t-1}$，在确定域之内，指标呈增长趋势。

轻度预警：$x_t > c_t$ 且 $x_t < x_{t-1}$，在确定域之内，指标呈下降趋势。虽然该时刻完成了任务，但有可能下一时刻无法达到期望值，纠正后可变为无警。

中度预警：$x_t < c_t$ 且 $x_t > x_{t-1}$，不在确定域之内，指标呈增长趋势。有完成任务的潜力。

重度预警：$x_t < c_t$ 且 $x_t < x_{t-1}$，不在确定域之内，指标呈下降趋势。不具备完成任务的条件，经过纠正可下降为中度预警。

森林生态监测系统预警评价模型的流程如图 8-1 所示。

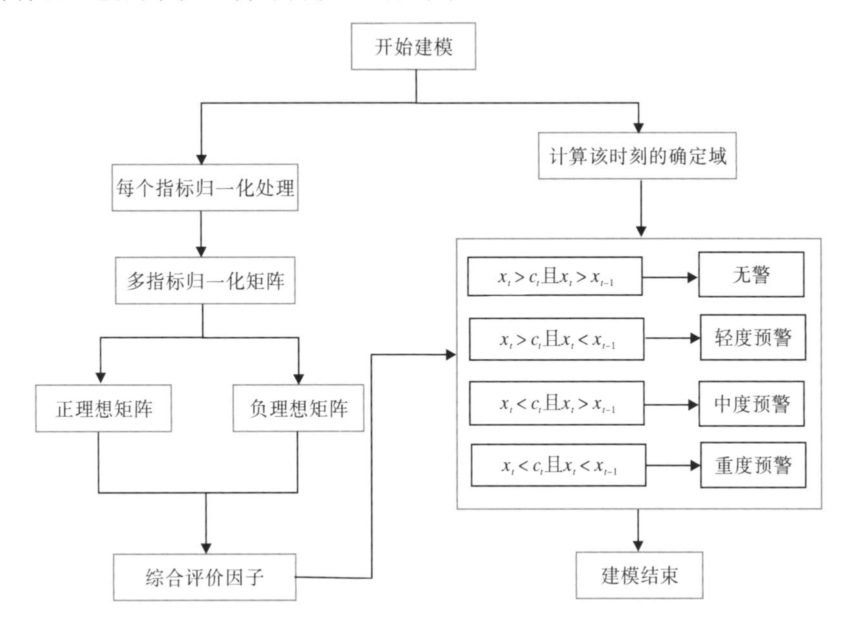

图 8-1　森林生态监测系统预警评价模型流程图

8.2.3 预警评价案例

本研究选择了森林覆盖率、林地保有量、森林蓄积量、自治区级以上公益林面积保有量、林地自然保护地占国土面积比例、森林生态系统服务功能年总价值、森林碳储量和喀斯特区乔灌植被面积保有量对林业发展状况进行预警评价，权重可以根据实际情况采用层次分析、专家打分等方法确定。监测预警指标表见表 8-1；各指标年度监测情况见表 8-2。

表 8–1　监测预警指标表

评价指标	单位	标注	理想值	权重
森林覆盖率	%	A	62.5	0.20
林地保有量	$10^4 \cdot hm^2$	B	1 580	0.10
森林蓄积量	$10^8 \cdot m^3$	C	8.19	0.20
自治区级以上公益林面积保有量	$10^4 \cdot hm^2$	D	530	0.08
林地自然保护地占国土面积比例	%	E	5.8	0.08
森林生态系统服务功能年总价值	万亿元	F	1.5	0.20
森林碳储量	$10^8 \cdot t$	G	4.2	0.08
喀斯特区乔灌植被面积保有量	$10^4 \cdot hm^2$	H	400	0.06

表 8–2　各指标年度监测情况表

年度	A	B	C	D	E	F	G	H
基准年	62.20	1 550	7.44	520.6	5.50	1.20	3.7	350.00
第一年	62.28	1 608	7.60	528.1	5.61	1.38	3.9	355.64
第二年	62.31	1 605	7.75	544.1	5.65	1.43	4.0	358.88
期望值	62.50	1 580	8.19	530.0	5.80	1.50	4.2	400.00

对表 8–1、表 8–2 数据进行归一化处理，得到表 8–3 所示各个指标年度监测情况归一化矩阵。

表 8–3　各个指标年度监测情况归一化矩阵表

年度	A	B	C	D	E	F	G	H
第一年	0.27	1	0.21	0.87	0.37	0.60	0.4	0.11
第二年	0.37	1	0.41	1.00	0.50	0.77	0.6	0.18

用TOPSIS评价法计算各年的正理想解、负理想解和综合评价因子的结果如8–4所示。

表 8–4　TOPSIS 评价结果表

年度	正理想解	负理想解	综合评价因子
第一年	0.61	0.49	0.44
第二年	0.48	0.60	0.55

各年监测指标和综合评价因子的无警、轻度预警、中度预警和重度预警的预警区间如表 8-5 所示。

表 8-5　各监测指标预警区间表

	第一年				第二年			
	无警	轻度预警	中度预警	重度预警	无警	轻度预警	中度预警	重度预警
A	[0.2，1]	无	（0,0.2）	0	[0.4，1]	[0.27，0.4]	[0.2，0.27）	[0，0.2）
B	[0.2，1]	无	（0,0.2）	0	1	[0.4，1）	[0.2，0.4）	[0，0.2）
C	[0.2，1]	无	（0,0.2）	0	[0.4，1]	[0.21，0.4）	[0.2，0.21）	[0，0.2）
D	[0.2，1]	无	（0,0.2）	0	[0.87，1]	[0.4，0.87）	[0.2，0.4）	[0，0.2）
E	[0.2，1]	无	（0,0.2）	0	[0.4，1]	[0.37,0.4）	[0.2，0.37）	[0，0.2）
F	[0.2，1]	无	（0,0.2）	0	（0.6，1]	[0.4，0.6）	[0.2，0.4）	[0，0.2）
G	[0.2，1]	无	（0,0.2）	0	（0.4，1]	0.4	[0.2，0.4）	[0，0.2）
H	[0.2，1]	无	（0,0.2）	0	[0.4，1]	[0.2，0.4）	[0.11，0.2）	[0，0.11）
综合因子	[0.2，1]	无	（0,0.2）	0	（0.44，1]	[0.4，0.44]	[0.2，0.4）	[0，0.2）

监测指标年度预警雷达示意图如图 8-2 所示，预警评价表如表 8-6 所示。

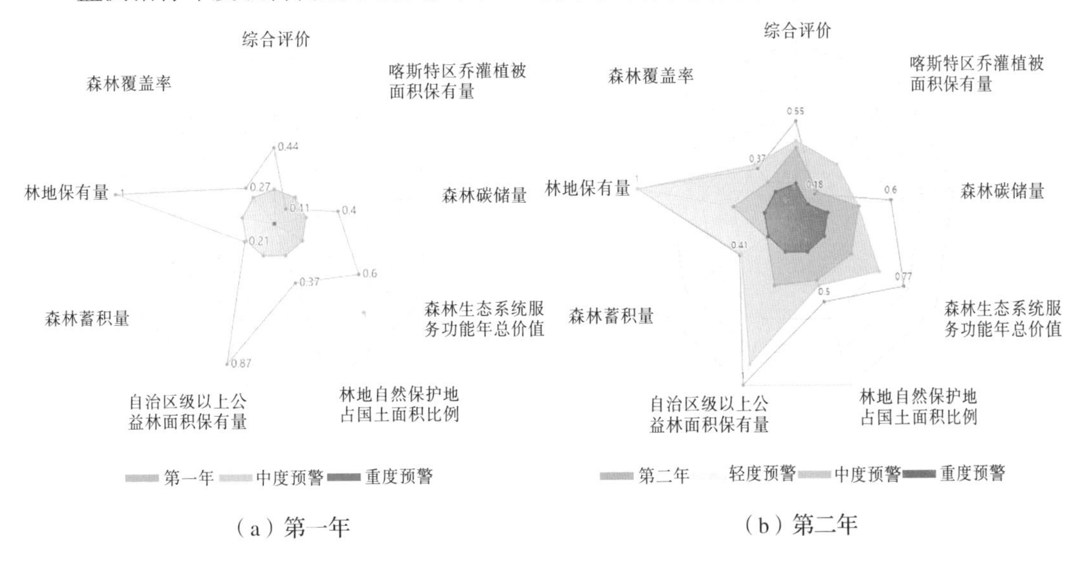

图 8-2　监测指标年度预警雷达示意图

表 8-6 预警评价表

年度	A	B	C	D	E	F	G	H	综合评价
第一年	无警	无警	无警	无警	无警	无警	无警	轻度预警	无警
第二年	轻度预警	无警	无警	无警	无警	无警	无警	中度预警	无警

综合上表和图，可以看出第一年和第二年在综合评价中都完成了既定的任务目标。其中林地保有量指标在第一年就已经完成了监测规划的任务，第二年又完成自治区级以上公益林面积保有量指标。但是，在第一年喀斯特区乔灌植被面积保有量没有达到年度指标，被评价为轻度预警，该项指标第二年完成情况也不好，预警评价升级到中度预警。另外，第二年的森林覆盖率指标在轻度预警的预警区间内，总体来说第二年完成情况不如第一年。

8.3 基于时间序列与网格管理的森林变化预警研究

基于时间序列对森林变化开展监测和预警，对于保护森林资源与生态有着重要的意义。同时，遥感影像来源不断丰富，质量和时效性都不断提高，对森林变化开展监测和预警已经有了充分的数据保障。基于时间序列与网格管理对森林变化进行预警，基本思路是选取不同时相的遥感影像，将其划分成网格并通过 AI 技术识别出变化的类型和区域，得到最新一期的变化情况，再将连续多期变化情况进行统计，得到广西森林变化趋势的预警结果。

8.3.1 森林变化检测流程

森林变化的识别由基于深度学习的图像分割技术完成。本文所用技术源于深度学习中用作图像分割的神经网络（UNet）模型，针对广西遥感影像数据来源、结构和体量特点，对模型进行了修改，主要是输入输出大小修改成（256，256），层数不变，其波段、感受野大小不变，仍为 3 波段和 7×7 像素，为使其更快收敛，下采样层增加了 Dropout。由于广西目前使用的影像空间分辨率在 2 m 左右，为了最大限度保留数据特征，训练样本被裁剪成 256×256 像素，且不使用数据增强技术。为避免各种地物在样本中不平衡导致的权重偏差问题，本文模型采用二分类输出。完整的识别过程如下：

S1：训练二分类神经网络，便于建立森林、道路、建筑、水域、耕地等二分类模型；

S2：从两期待检测影像提取 RGB 三个波段，并分割成 256×256 像素大小的图块；

S3：用 S1 训练好的所有网络检测 S2 所得所有小图块，得到小块检测结果；

S4：融合所有 S3 所得检测结果并拼接回待检测影像大小。S1 的输出图像可视为灰度图，其像素值表达属于所检测地物的可能性大小；

S5：矢量化 S4 所得拼接结果并对其进行筛选和抗锯齿处理。对 S4 拼接的检测结果整幅进行矢量化；

S6：叠加两期影像的检测结果，得到变化图斑及其变化类型。

基于网格的管理方式和识别流程，可以很容易地部署在分布式环境中。为了训练和检测效率最大化，在单机环境下可以开启图形处理器（GPU）支持，在分布式环境下可以将所有数据随机分布在所有工作机上分别处理，工作机也应开启 GPU 支持。在分布式环境下使用时，只需在 S4 之前对所有工作机的结果进行一次汇总。

森林变化检测流程示意图见图 8–3。

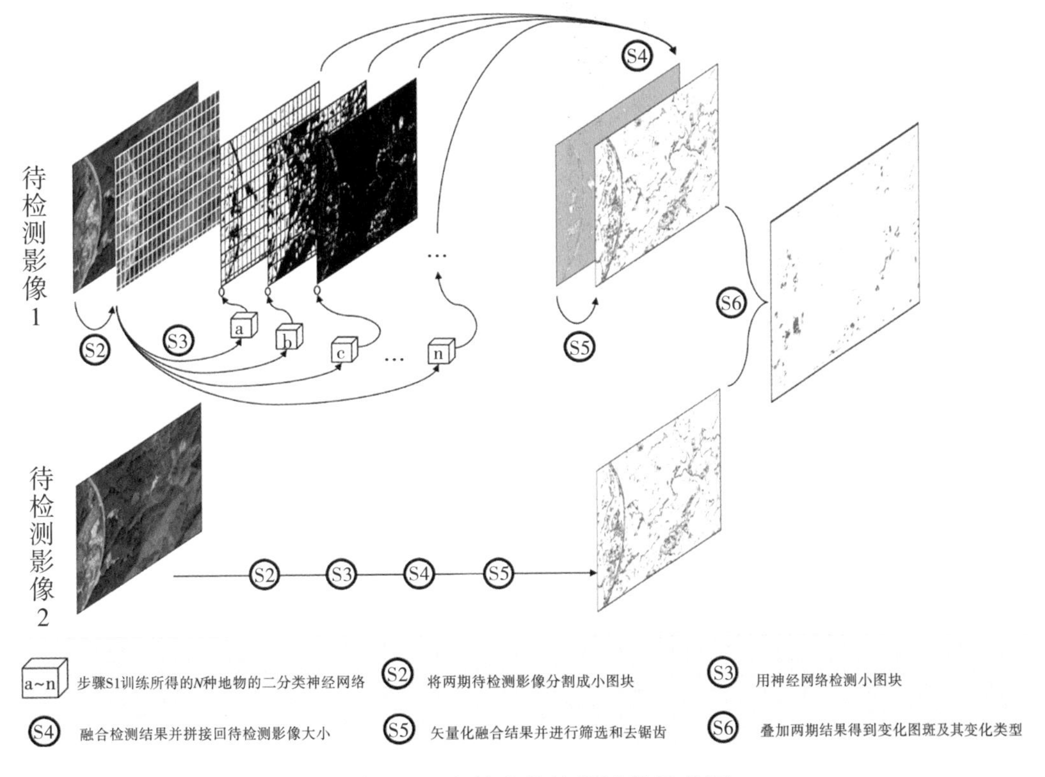

图 8–3　森林变化检测流程示意图

8.3.2 森林变化预警

研究以森林采伐变化预警为例，利用多时相遥感数据变化检测，提取采伐图斑，根据采伐区域的空间特征、属性特征，进行森林采伐风险等级预警。变化预警流程示意图见图 8–4。

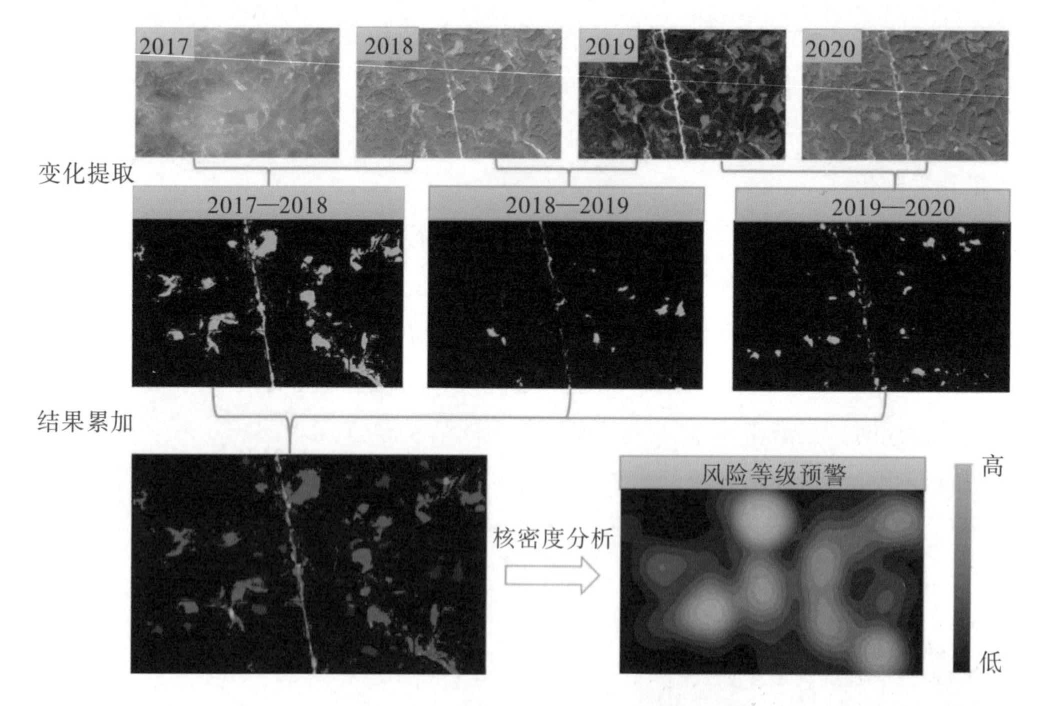

图 8-4 变化预警流程示意图

基于 2017—2020 年的四期遥感影像，利用前文描述的变化检测方法，按时间序列分别提取三组采伐区域识别结果。将结果进行累加，得到采伐图斑的空间分布、时间分布、面积大小、发生频次、发生频率等特征。提取每个变化图斑质心点坐标，在点密度分析的基础上，考虑各点位的能量因子（如采伐面积、采伐蓄积量），利用核密度算法（式 8-3-1），计算区域范围内森林采伐密度情况并进行风险等级预警。

$$\text{Density} = \frac{1}{\text{radius}^2}\sum_{i=1}^{n}\left[\frac{3}{\pi}\cdot \text{pop}_i(1-\left(\frac{\text{dist}_i}{\text{radius}}\right)^2)^2\right] \quad \text{式 8-3-1}$$

$$\text{For } \text{dist}_i < \text{radius}$$

式中，$i=(1, ..., n)$，为输入点；pop_i 是 i 点的能量值；dist_i 是点 i 和预测位置之间的距离；radius 是搜索半径。

核密度算法在点密度计算的基础上增加权重属性，即每个点上方均覆盖着一个平滑曲面。在点所在位置处表面值最高，随着与点距离的增大表面值逐渐减小，在与点的距离等于搜索半径的位置处表面值为零。曲面与下方的平面所围成的空间的体积等于此点权重值。

8.4 森林资源变化仿真模拟

系统动力学是一门分析研究反馈系统的科学，自创立以来，在各领域得到广泛的应用，并取得瞩目的成就，被誉为“战略与策略的实验室”，其方法和特点非常适合研究森林资源变化与发展的问题，可用于建立仿真模型，预测并展示森林资源的变化与发展状态。主要步骤如下：

①明确问题，根据实际系统，构造因果关系图。在分析系统结构、构造反馈条件、明确因果关系的基础上，绘制森林资源变化图，如图 8-5 所示。

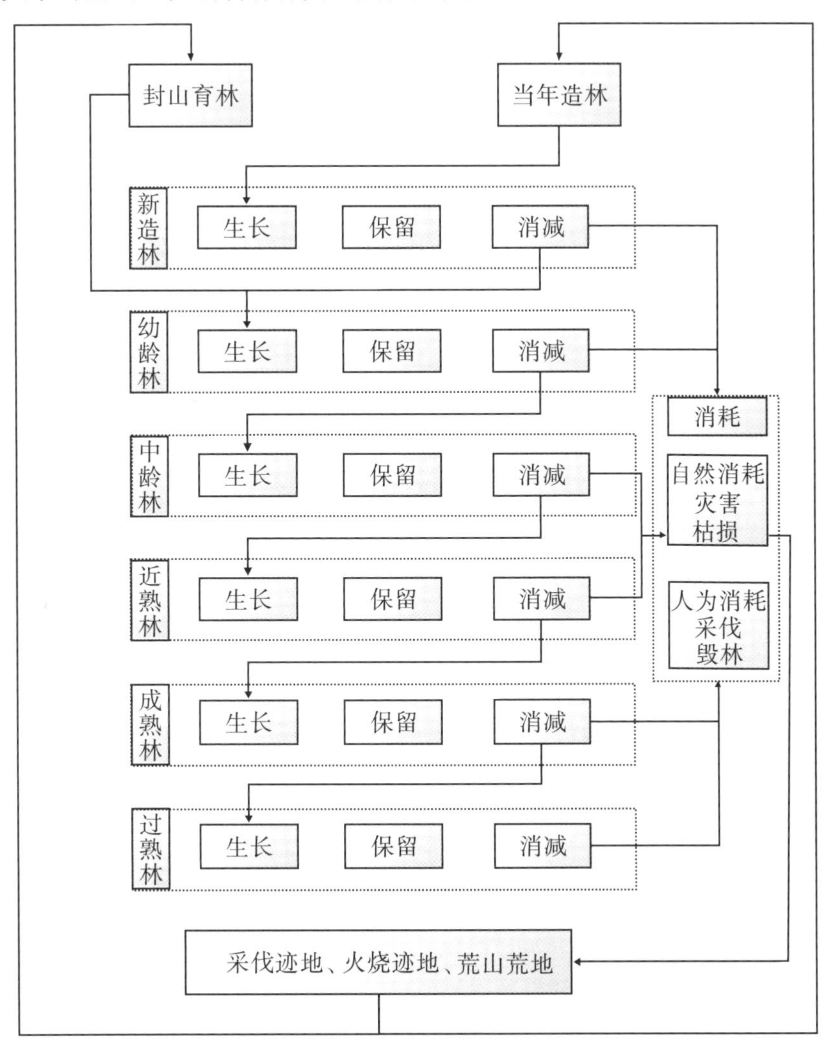

图 8-5　森林资源变化图

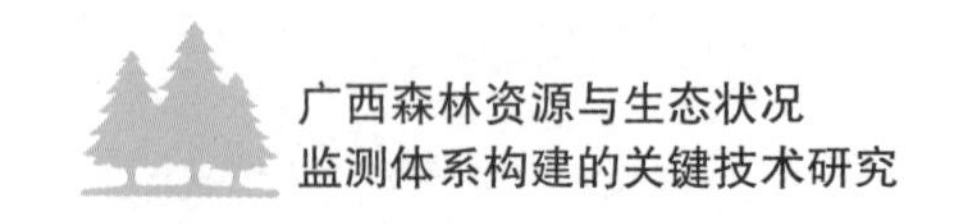

②确定系统的状态变量和参数。为描述系统的状态特性，在仿真中设置一些变量或参数，可分为：

积量 系统中某个元素在整个时间内积累起来的数量，如各龄组的面积蓄积量。

率量 指引起各积量在单位时间的变化量，如龄组间的面积蓄积量转移。

辅助变量 对率量做补充说明，如生长量。

常量 用于描述系统的参数或系数，如生长率。

③构造系统状态方程。流图仅能反映定性关系，上机运算还需进一步构造方程式，根据流图，量化变量之间的关系，构造出各有关因素相互影响的函数方程式。

④计算机仿真模拟。根据仿真流图和状态方程，运用系统动力学的专用仿真语言编制计算机程序，早期采用 DYNAMO 语言，后期有 Windows 操作系统下运行的系统动力学专用软件包 Vensim 软件。确定各类状态变量初值、参数、仿真步长等，可进行森林资源系统仿真，调节系统参数，观察系统变量输出值的变化是否符合实际，是否符合系统结构下的森林资源演变规律，进行必要的模型检验和可靠性分析，模型检验包括模型结构检验与模型行为检验。

森林资源系统仿真图见图 8-6。

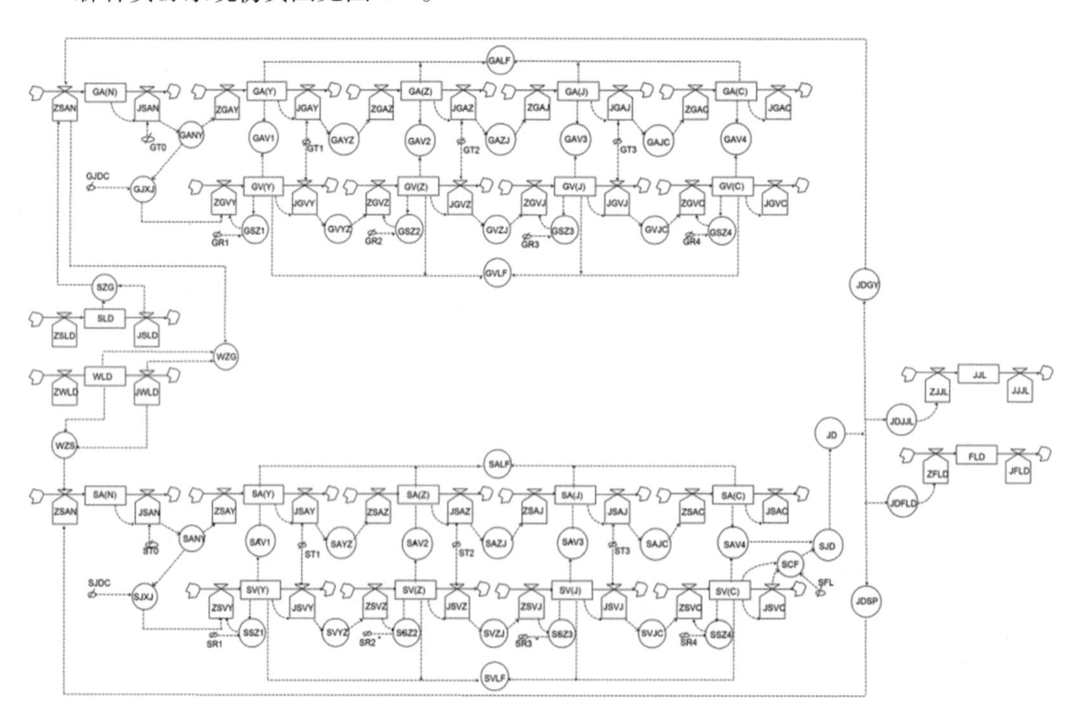

图 8-6 森林资源系统仿真图

参考文献

[1] 葛京凤，梁彦庆，冯忠江，等 . 山区生态安全评价预警与调控研究：以河北山区为例 [M]. 北京：科学出版社，2011.

[2] 文俊 . 区域水资源可持续利用预警系统研究 [M]. 北京：中国水利水电出版社，2006.

[3] 周国模，吴延熊，陈美兰 . 区域森林资源预警系统的哲学基础 [J]. 浙江：浙江林学院学报，1999（1）：41-42.

[4] 陈美兰，吴延熊，周国模，等 . 预测、监测和预警关系的初步探讨 [J]. 浙江：浙江林学院学报，1999（1）：10-13.

[5] 王兵，牛香，陶玉柱，等 . 森林生态学方法论 [M]. 北京：中国林业出版社，2018.

[6] 胡永宏 . 对 TOPSIS 法用于综合评价的改进 [J]. 数学的实践与认识，2002（4）：572-575.

[7]SHIH H S， SHYUR H J， LEE E S. An extension of TOPSIS for group decision making[J]. Mathematical & Computer Modelling，2007，45（7）：801-813.

[8] 李浩，罗国富，谢庆生 . 基于应用服务提供商的动态联盟制造资源评估模型研究 [J]. 计算机集成制造系统，2007（5）：862-868.

[9] 李灿，张凤荣，朱泰峰，等 . 基于熵权 TOPSIS 模型的土地利用绩效评价及关联分析 [J]. 农业工程学报，2013，29（5）：217-227.

[10] KROHLING R A，PACHECO A G C. A-TOPSIS-An Approach Based on TOPSIS for Ranking Evolutionary Algorithms[J]. Procedia Computer Science，2015，55.

[11] 于政中 . 数量森林经理学 [M]. 北京：中国林业出版社，1995.

[12] 赵道胜 . 森林资源经营管理模型的建立与应用 [M]. 北京：中国林业出版社，1995.

第 9 章　森林资源与生态监测新技术及其业务化应用系统研发

9.1 通用林业野外信息采集与管理系统

近年来，随着基础设施的不断完善，广西大部分林区实现了 3G/4G 网络的覆盖，为森林资源数据的野外实时采集提供了硬件基础。利用数据的互联互通可以提高森林资源数据的时效性，加强采集质量控制，提高采集效率，降低野外工作强度，因此我们研发了一套通用林业野外信息采集与管理系统。在实现数据互联的基础上，基于“互联网 +”的理念实现线上线下的联动，实现人员物资的科学调度，提高监测能力和效率。此系统以无线网络为支撑，关键点在于通用化林业业务的实现及系统架构的设计。在林业外业调查中，不同项目的外业调查内容大多具有类似的调查内容，对于软件的需求主要包括外业地图查看、定位导航及坐标和边界采集、填录外业调查表、数据实时汇总以及逻辑检查。系统设计与实现的技术关键见下文。

9.1.1 整体设计

（1）系统结构

整个系统软件在互联网上运行。外业调查人员通过本系统的外业 App 进行外业数据、照片、轨迹等采集，通过 3G/4G 网络传回数据中心，数据中心根据调查项目和调查区实时汇总数据并统计进度，将其发布给管理用户查看。

系统整体设计示意图见图 9–1。

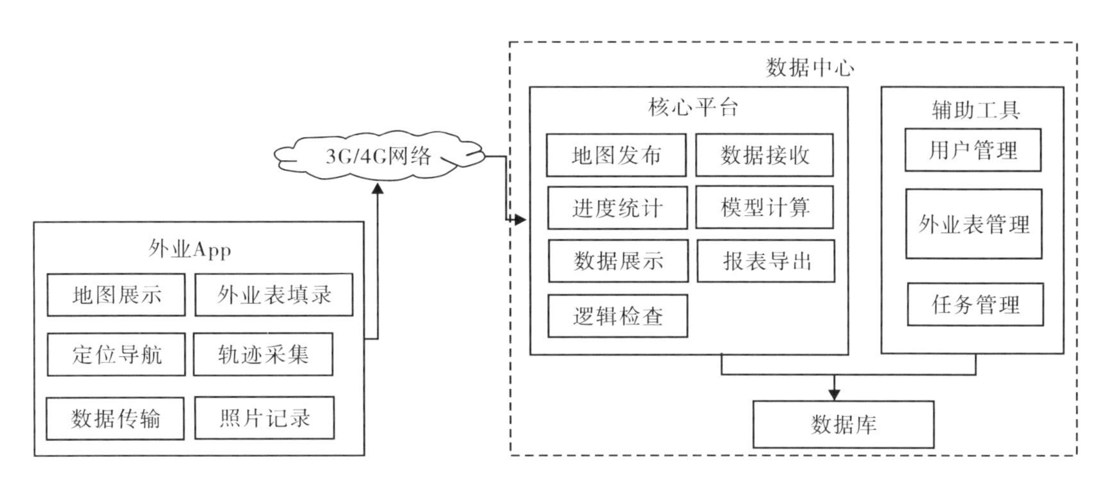

图 9–1　系统整体设计示意图

外业 App 运行在 Android 平台的便携终端上，需要全球导航卫星系统（GNSS）、3G/4G 模块和磁偏角模块支持为系统提供定位和数据传输功能。功能上包括地图展示、外业表填录、定位导航、轨迹采集、照片记录和数据传输等。

数据中心的核心平台主要给外业 App 提供地图和调查支持、给管理人员展示和导出成果。在功能上包括地图服务发布、数据接收、进度统计、逻辑检查，根据管理人员需求对调查数据开展模型计算和统计、成果展示及统计报表导出，外业终端接入控制和任务数据分发。

辅助工具主要用于管理人员进行设备和任务的管理。功能上包括用户管理、外业表管理和任务管理。能够管理连接外业 App 系统的权限，制作外业调查表以及根据人员安排绑定调查数据和范围。

（2）硬件构成

数据中心服务运行于内网中，通过网关和映射对公网发布服务，设置工具和外业终端通过公网与其连接。整个调查系统的应用以部门为核心，每个部门管理自己的调查项目，确定自己的负责人和数据管理人员（负责使用工具进行表单、代码制作和数据导出）。因此整个结构在外网部分由移动终端、PC 构成，内网则由 GIS、WEB、数据库服务器构成，由数据中心管理员和 DBA 维护管理，中心管理员不参与具体业务。硬件构成示意图见图 9–2。

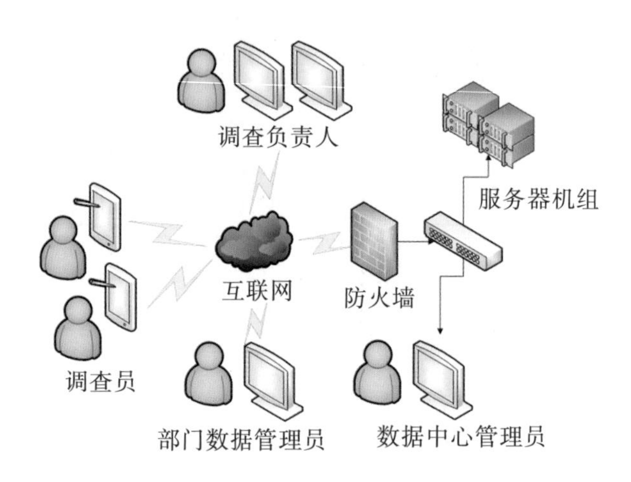

图 9-2　硬件构成示意图

9.1.2 地图及定位的实现

外业 App 地图组件由第三方地图组件提供支持，采用 WGS84 坐标、墨卡托投影坐标，支持对 WGS84 地理坐标进行投影，以便将 GNSS 芯片的输出作为人员位置显示在地图上，同时支持天地图在线地图服务。对于 CGCS2000 地理坐标和高斯投影坐标数据进行自动转换，转换误差较小，可满足目前林业调查精度需求。其他坐标系则需要事先进行转换后再叠加到外业 App 的工作底图上。工作原理示意图见图 9-3。

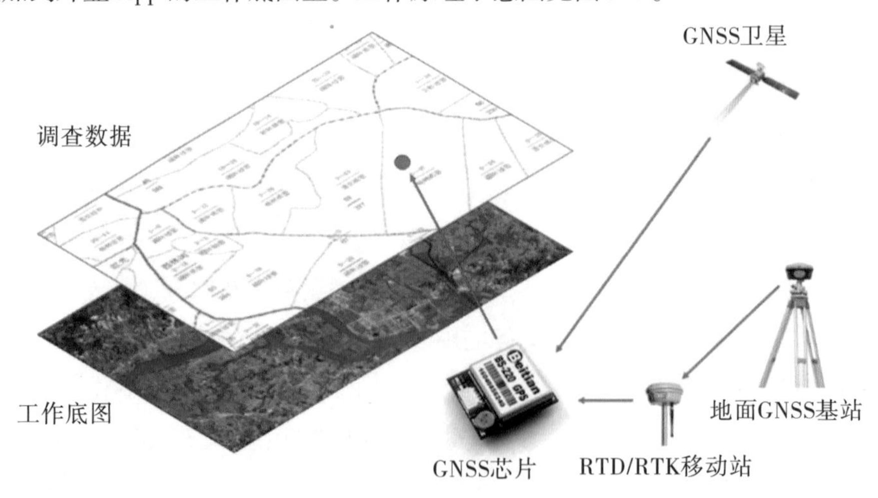

图 9-3　工作原理示意图

地图可由外业人员根据需要自行叠加在线地图、离线栅格及矢量图层数据，外业终端的 GNSS 芯片在接收 GNSS 卫星信号后解算位置并输出给外业 App，在地图上显示当前位置。在有较高精度要求的作业场景下，可以基于恩里克协议通过蓝牙连接 RTD/RTK 移动站获取高精度实时差分位置数据。

9.1.3 通用数据表的实现

整个系统实现通用化的设计核心在于数据库结构的设计。主体数据库结构由三张表构成：数据表、结构表和字典表。数据表存储业务数据，其中最关键的是业务数据采用 JSON 数据格式以字符形式存储在同一字段（图 9–4 的“业务数据”）中，由此数据库结构就可以统一，不再需要为不同的外业调查表分别设计数据库。为加快检索速度，每个项目都应该设定一个唯一的索引字段（通常为“小班号”）。矢量数据则以 WKT 形式作为 JSON 的一个属性值存储。系统解析 JSON 数据时通过对应的结构表记录进行，结构表会在设计时生成每个项目每张表包含哪些字段及其类型。对于代码类型的字段，在解析时还可进一步借助字典表进行补充。核心数据库结构设计图见图 9–4。

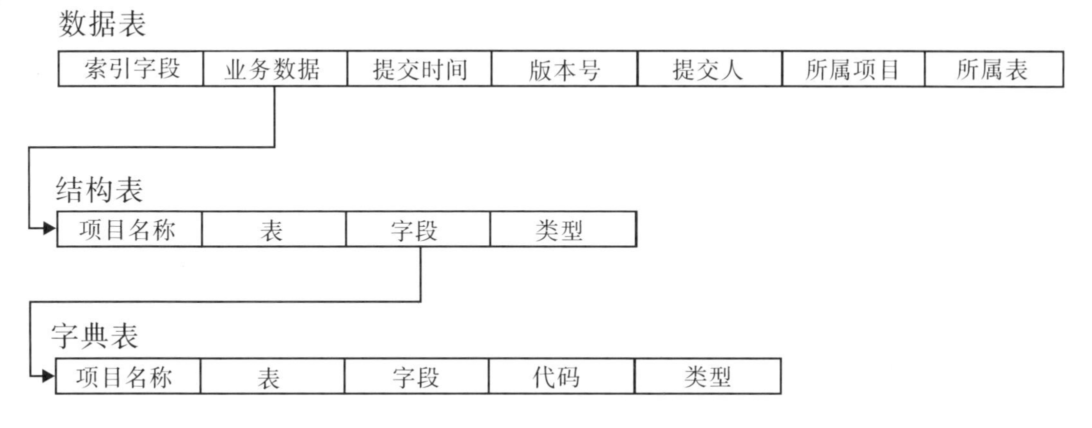

图 9–4　核心数据库结构设计图

9.1.4 数据实时采集汇总的实现

外业 App 内置有数据库，用户可随时保存所采集的外业调查数据、照片、视频及轨迹。在有 3G/4G/Wi–Fi 网络的地方，可以通过网络批量上传。数据中心在接到数据后根据所属项目进行存储，同时将此数据进行标记，数据汇总即完成。在打开进度统计页面时，由核心平台扫描数据表，根据标记统计完成进度并返回前台页面展示给管理人员。

9.1.5 逻辑检查的实现

在外业 App 提交数据时根据预先设置的对应项目的逻辑条件进行检查，对于可能存在逻辑错误的数据将检查结果返回外业 App 端进行提示，数据库仍然接受保存但需要进行标记，以便管理人员掌握数据质量情况。

9.1.6 业务化应用实例

图 9-5 和图 9-6 分别是外业调查过程中对调查因子和图形进行采集的示例。

样地号	
调查年度	
市	南宁市(4501)
县	兴宁区(450102)
乡	三塘镇(450102001)
村	三塘村(450102001001)
林班	
小班	
小地名	
位置坐标	点击自动获取
优势树种	马尾松(140)
平均年龄	
抚育年度	

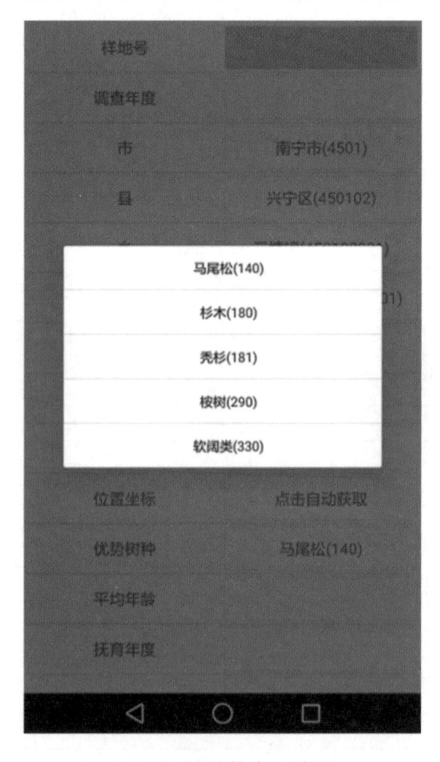

（a）采集信息示意图　　（b）树种信息示意图

图 9-5　调查因子采集示意图

图 9-6　图形采集示意图

9.2 森林生态定位观测信息自动采集

我国陆地生态系统定位观测研究站需要采集水文、土壤、气象、生物等基本生态要素，连续、翔实的观测数据是开展进一步研究的基础。实际工作中观测设备类型较多，且多数情况下只能将数据暂存在观测设备所带的存储器中，定期由人工从各个观测场地进行收集。人工野外数据收集的工作量大，且无法得到实时的观测数据，一旦收集间隔期中设备出现问题，将难以及时发现，造成观测数据中断。为此，我们研发了森林生态定位观测信息自动采集系统来解决这些问题。系统设计与实现的技术关键见下文。

9.2.1 整体设计

整个系统由分布在野外的传感器、通信网络、数据中心及其网站构成。首先为各类布设在野外的传感器配备存储设备，在同一观测场内的设备共用一个网络传输设备，把各传感器数据通过 GPRS/3G/4G 网络发送到远程数据中心。数据中心对这些观测数据进行汇总、存储。同时，数据中心的应用程序对数据进行分析处理，根据国家或地方标准要求从临时数据库中提取相应数据填入标准统计表中，同时提供一个公网页面展示实时监测数据及生态站相关信息。

以广西大瑶山森林生态站为例，数据采集通过观测站（数据台站）完成。数据来源为传感器及其支持硬件如电源和传输模块等。传感器将每条观测数据先汇集在野外的小型存储设备中，在 GPRS/3G/4G 信号稳定时，通过 GPRS/3G/4G 网络将观测数据以文件或数据流的方式批量传送至数据服务器组，通过数据接收器获取文件、数据流的传感器数据并将其格式化为数据库数据存入临时库中。临时库中的数据则由数据解析程序定时取出其中有用部分汇总为标准数据库表，存入中心数据库。硬件构成示意图见图 9–7。

9.2.2 多源数据整合

传感器观测数据不但数据量大、类型多，而且具有连续性、时序性等特点。一个生态观测站会使用大量、多种类型的传感器，且绝大部分布设在野外，在数据的获取、传输、存储等方面存在着许多技术挑战。各类传感器的生产厂家、工作机理、采集内容、固件版本、现场编组等各种问题，决定了整合多源数据是实现全自动连续观测的关键。整合多源数据则依靠统一处理方法和数据库设计。因此，为了将所有数据统一处理，首先要将数据源分类，为每类数据源设计一套数据自动入库程序。目前系统所使用的传感器中，

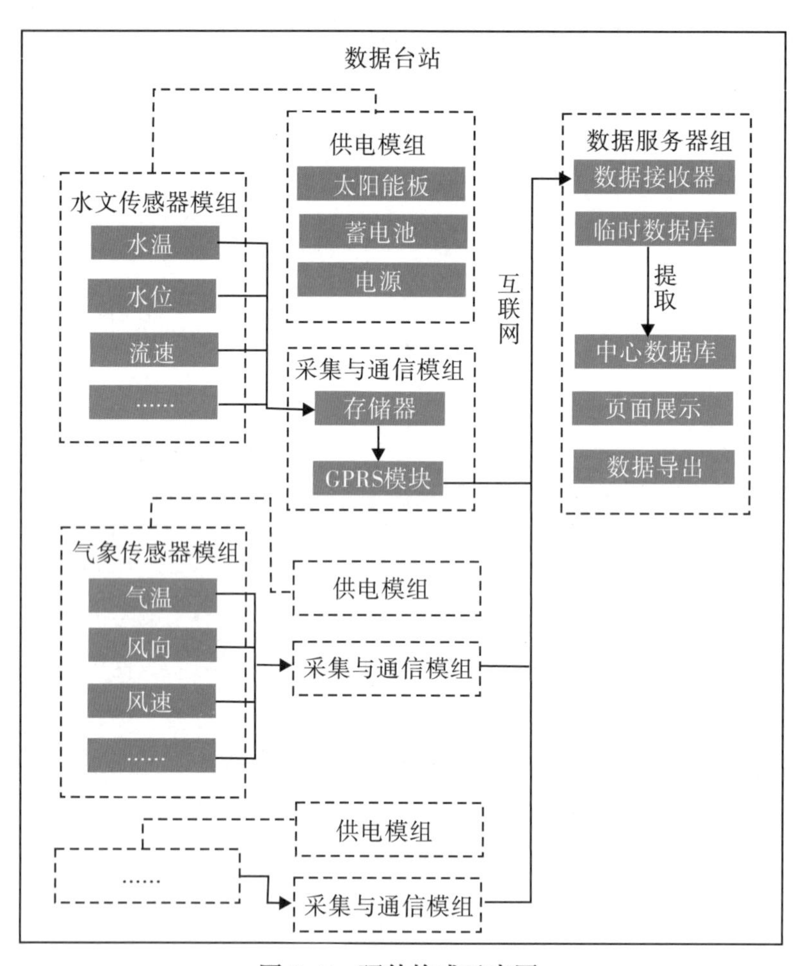

图 9-7　硬件构成示意图

数据源可分为两大类，一类是单传感器数据文件；一类是多传感器数据文件，即一个文件含多个传感器数据字段，这组传感器获取数据的时间一致。两类文件都是将数据发送至设备厂商的服务器后由其以文件形式推送至本系统数据服务器上，或者由调查人员直接从野外传感器缓存中将数据文件拷贝到数据服务器指定目录中。所有文件中同一时间节点的数据不会重复。因此本系统根据实地布设情况为每个观测样地指定一个文件夹，每个文件夹包含该样地所有传感器数据文件，然后根据传感器数据内容设计临时数据表。

9.2.3 数据处理流程

系统分为数据采集、数据传输、数据处理、数据导出、页面展示五个模块。数据采集模块负责野外监测数据获取。数据传输模块负责在网络联通的情况下将监测数据文件收集到系统中。数据处理模块负责读取数据文件存入临时表并对临时表进行解析，提取有用信息存入中心数据库中。数据导出模块将数据库中的数据按一定时间（如年、月、日、时等）进行求平均、求和等操作，再根据国家、地方所要求的格式自动导出。页面展示模块以网站形式对公众发布一些数据台站的简介、实时监测数据并在三维地图中标识样地及传感器分布情况。系统模块划分图见图 9-8。

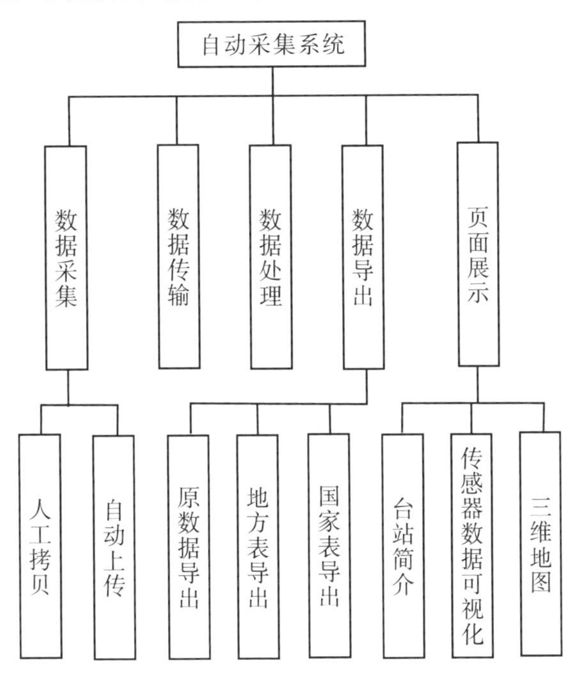

图 9-8　系统模块划分图

主要模块工作流程如下：

①数据采集模块：传感器按设定时间采集数据样本，随即将数据结合电子计数器、计时器生成一条记录，将其写入存储器中。

②数据传输模块：每个样地配有一套数据传输模块，样地内所有传感器与其连接。传输模块定时读取与其连接的传感器的存储器，将其中数据汇总并通过 GPRS 网络传输至设备厂商的服务器，然后由设备厂商的服务器将其以文件形式推送并存储在系统指定文件夹内。

③数据处理模块：数据处理模块首先扫描数据文件夹，将数据文件读入内存并解析整理成数据记录。根据记录时间查询数据库的对应临时表是否有当前记录，若有则放弃，没有则在数据库中新增记录。

④数据导出模块：数据导出模块先将数据库中的数据进行分时统计，再根据数据含义分类进行汇总，同时从模板文件中读取国家和地方上交汇总表的结构（一般是 Excel 表），将汇总的中间数据填入表格并输出。

9.3 林业调查 NFC 信息管理系统

近场通信（NFC）是一种短距高频的无线电技术，是由非接触式射频识别（RFID）及互联互通技术整合演变而来，NFC 从本质上与 RFID 没有太大区别，都是基于地理位置相近的两个物体之间的信号传输。相较于 RFID 技术，具有距离近、带宽高、能耗低等一些特点。NFC 的传输集中在 13.56 MHz 的频段，而 RFID 技术的频段有 125 ～ 135 KHz、13.56 MHz 和 860 ～ 960 MHz。正因为 NFC 的频段较少，因此针对 NFC 的协议和技术方案更加统一，应用更加广泛，比如日常的公交、支付和门禁等都使用 NFC 技术。

系统基于 B/S 架构，不需要安装其他软件，对比 C/S 更加安全和高效。系统的前端由 HTML5 和 JavaScript 开发，通过 JavaScript 的脚本控制 NFC 读写器。后台基于 PHP 实现数据交换和存储。

9.3.1 系统架构

林业调查 NFC 信息管理系统构架如图 9-9 所示。

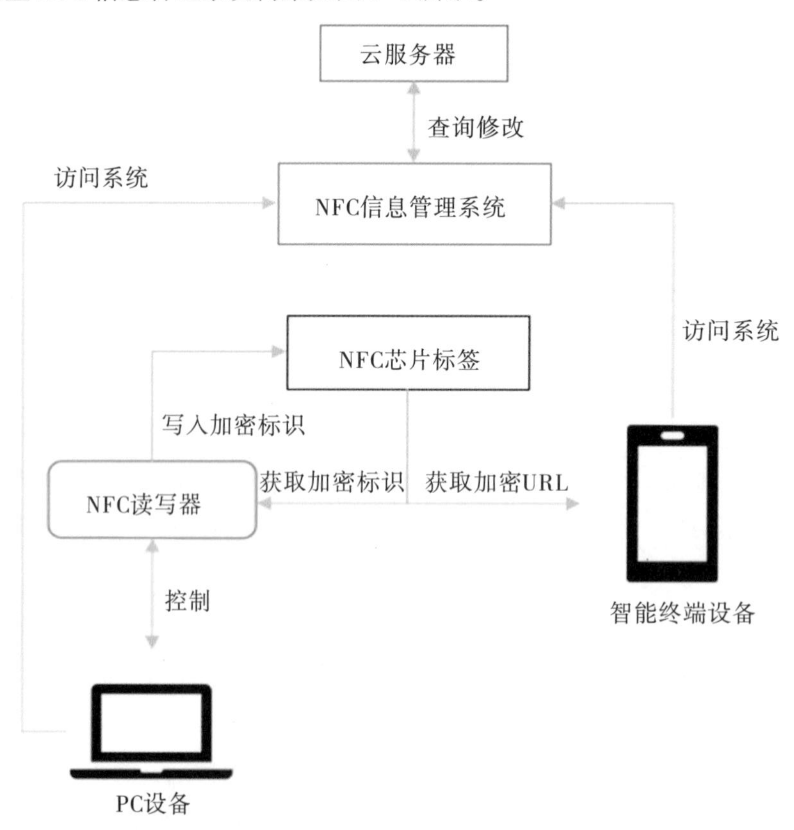

图 9-9　林业调查 NFC 信息管理系统构架图

在硬件上，该系统主要由 NFC 芯片标签、13.56 MHz 非接触式 NFC 读写器构成（图 9-10）。NFC 芯片标签内部为遵循 ISO 14443 协议芯片，外部由顶盖和凹状圆钉组成。PC 设备直连 NFC 读写器来读写 NFC 芯片。

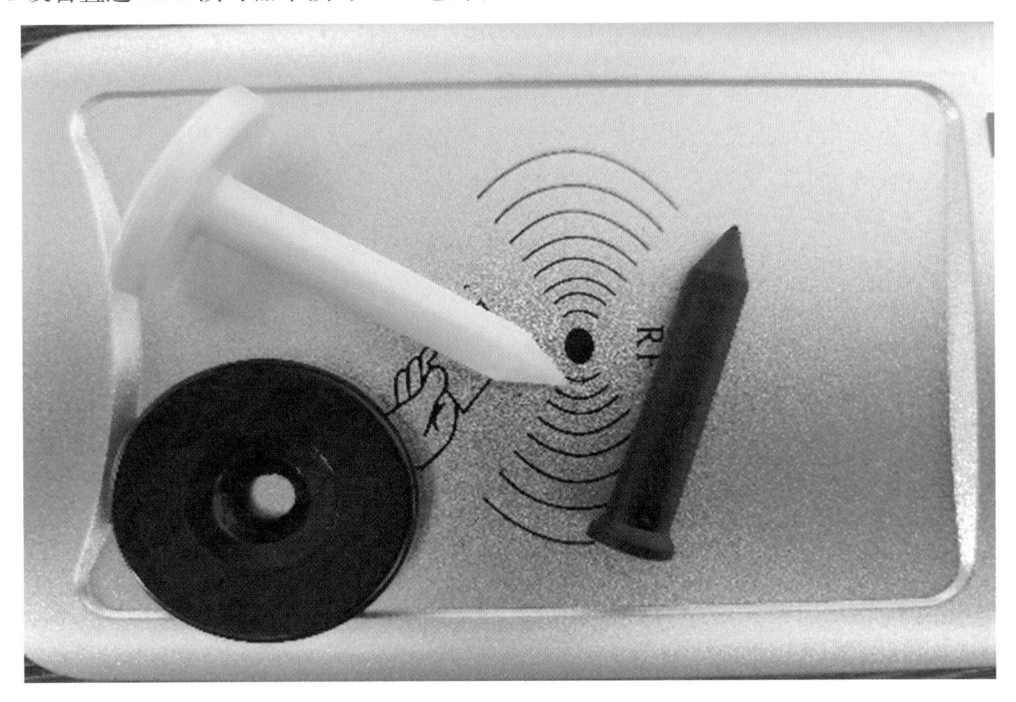

图 9-10　NFC 芯片标签和 NFC 读写器

在软件上，系统可以分为内业客户端和外业调查客户端，这些都属于林业调查 NFC 信息管理系统的业务层。内业客户端在 PC 设备上使用，使用人员登录到内业客户端之后，能够读取和修改 NFC 芯片内的数据。NFC 芯片不记录真实的数据，只保留一个包含 20 位标识码的 URL 的加密数据。真实的数据存储在数据库中，内业客户端读取 NFC 芯片中的唯一标识码，再从数据库内查询和修改数据。本课题组研究的 NFC 芯片加密方法遵循 NDEF-3 协议，因此外业调查员可以通过任意的智能终端设备来识别芯片，直接调用智能终端设备内的浏览器来访问加密的 URL，从而获取数据库内存储的相关数据。调查员填报好相关信息后，提交的数据直接通过无线通信网络发送到服务器进行处理。外业调查员无法修改 NFC 芯片内的标识码。

9.3.2 应用实例

应用实例将以样木调查为例来进行说明。在第一次进行样木调查之前，需要在内业客户端使用林业调查管理系统对空白的 NFC 标签进行重写，其具体流程包含以下步骤：

①在浏览器上打开林业调查管理系统，连接 NFC 读写器进行校验。当 NFC 读写器与计算机连接时，系统会读取该读写器 MF RC663 芯片标识码，并通过通信网络将该信息发送到服务器端并与数据库中存储的信息进行校验，如果校验失败，将无法继续使用系统。

②读写器校验通过后，预先编辑样木调查表。在确认 NFC 读写器为正品的情况下，通过系统对样木数据进行预先的编辑，如图 9-11 所示，其内容包含样地号、样木号、样木类型、方位角、水平距、前期检尺类型、本期检尺类型、树种、前期胸径、本期胸径、采伐管理类型、林层、跨角地类序号和竹度。

图 9-11　PC 系统新增样木数据示意图

③确认编辑，并把数据传输到服务器校验。样地调查数据编辑确认后，系统通过通信网络向服务器传输该条数据并进行校验和存储，数据成功存储后会向管理系统返回一个长度为 20 位的唯一标识码。

④写 NFC 标签。接收到服务器返回的唯一标识码后，系统通过 JavaScript 脚本调用 NFC 读写器的写入模块，向卡槽上的 NFC 标签写入二进制数据，数据写入之前会清空该 NFC 标签。新内容的数据协议为 NDEF-3，内容为包含唯一 20 位识别码的加密地址，NFC 读写器的蜂鸣器鸣叫即表示写入成功。在这里，可以使用具有 NFC 功能的智能手机来检验数据写入是否成功。

重复上述的②～④步骤来重复写入多个 NFC 标签。

外业样木数据调查员携带已经写入数据的 NFC 标签去调查样木，其调查的技术流程为：

①将 NFC 标签钉入需要调查的样木中。

②打开智能终端设备的 NFC 模块，如果没有，也可以使用 NFC 便携读写器来连接智能终端设备。

③将设备靠近 NFC 标签，智能设备将自动跳转到浏览器并打开外业调查管理系统，页面的内容为该标签预设的样木调查表信息，外业调查技术员根据实地调查的情况来编辑该样木数据，还可以添加当前位置的 GPS 坐标。

手机端录入样木数据界面见图 9-12。

（a）信息录入界面

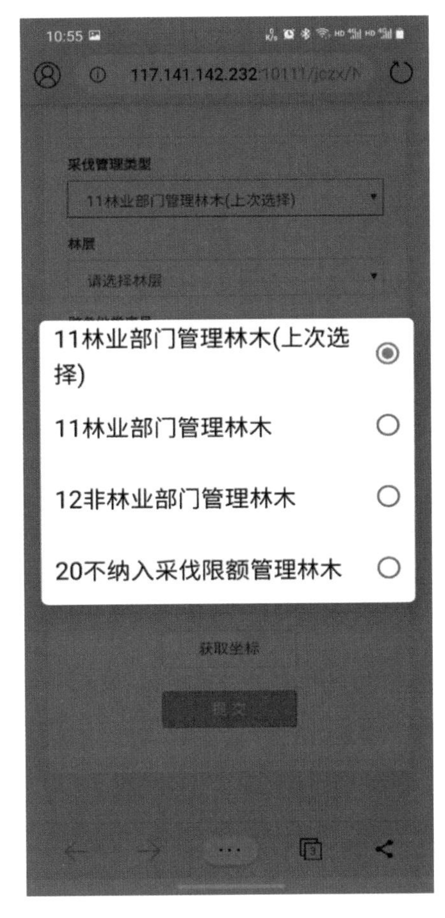

（b）信息选择界面

图 9-12　手机端录入样木数据界面

④数据通过无线通信网络提交到服务器上的数据库更新，下次再重复调查该样木可快速查询到前期的样木调查表信息，实现了样木调查工作的无纸化作业。

在传统的样木实地调查工作中，外业调查员会给调查过的样木钉一个铁牌来作为唯一标识。在复位工作中，再利用该标识去查找前期信息。因为标识和样木调查信息是分割开的，通过标识再去查找样木信息会花费一定的时间，甚至找不到往期的调查数据。本方法把标识和样木信息统筹到一起，样木数据存储在数据库中，通过无线通信网络能够快速地查询任意一株样木数据，提高了外业调查工作的效率。

9.3.3 应用效果

目前，林业调查 NFC 信息管理系统已经在高峰林场和大瑶山森林生态站应用。2019 年在高峰林场布设了一个样地，2020 年在大瑶山森林生态站布设了两个样地。该系统在林业调查中的优点包括任何智能终端设备无须安装应用，都能对标签内数据进行读取；封装好的标签能够长期在野外保存，具有体积小、抗变形、防水和耐化学侵蚀等特点，且无须供电，可以进行回收重复使用，符合林业领域对于实地调查工作的需求；林业调查管理系统基于 web 浏览器开发，不需要安装其他软件，对比 C/S 更加安全和高效；调查的内容可以专题定制，已经实现的有样木调查表和样地调查表。

9.4 基于超宽带技术的林间定位

森林资源连续清查中，林木的空间分布主要依靠森林罗盘仪、皮尺、测距仪等设备来测定方位角和距离，通过极坐标表示其相对位置。在坡度大、植被茂密的林区，架设罗盘仪并确保其与被调查样木之间通视在操作时较为困难。低功耗无线定位技术是解决以上问题的较好方法。传统的无线定位技术是根据信号强弱来判别物体位置，信号强弱受外界影响（地形、植被遮挡）较大，因此定位出的物体位置与实际位置的误差也较大，定位精度不高。近年来开始广泛应用的超宽带（UWB）定位系统，采用的是宽带脉冲通信技术，具备极强的抗干扰能力，定位误差减小。它具有对信道衰落不敏感、发射信号功率谱密度低、截获能力低、系统复杂度低、能提供厘米级的定位精度等特点，非常适合在林间小范围样地中的应用。

9.4.1 定位原理

UWB 定位技术采用的是飞行时差（ToF）测距，ToF 测距方法属于双向测距技术，它主要利用信号在两个收发机之间的飞行时间来测量节点间的距离。模块从启动开始即会生成一条独立的时间戳。模块 A 的发射机在其时间戳上的 a1 发射请求性质的脉冲信号，模块 B 在 b2 时刻发射一个响应性质的信号，被模块 A 在自己的时间戳 a2 时刻接收。通过公式就可以计算出脉冲信号在两个模块之间的飞行时间，从而确定飞行距离。因为在视距视线环境下，基于 ToF 测距方法是随距离呈线性关系，所以测算结果会更加精准。在精准测距的基础上，可以建立已知位置点，标签按照一定的频率发射脉冲，不断和几个基站进行测距，3 个基站不在同一平面时，测量其相对高差，将距离换算为平面距离，然后通过特定算法即可实时解算出标签的位置。ToF 原理示意图见图 9-13。

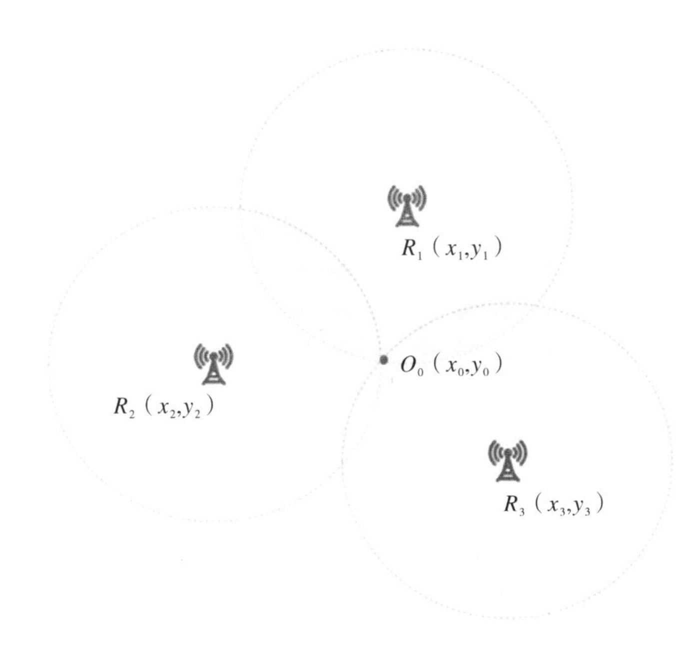

图 9-13　ToF 原理示意图

ToF 飞行时间测距法：通过测量脉冲信号从出发到返回的时间，乘以传播速度（脉冲信号在空气中的传播速度为定值 $v=30\times10^4$ km/s），得到往返一次的距离，除以 2 即为 UWB 定位标签到定位基站间的距离。UWB 定位基站的坐标已知，测得标签到基站距离后，通过三点定位法画 3 个圆，交点即为 UWB 定位标签的位置。

如图 9-13 所示，UWB 定位基站的坐标分别为 R_1（x_1，y_1）、R_2（x_2，y_2）、R_3（x_3，y_3），基站 R_1、R_2、R_3 在安装部署时位置固定且坐标已知，所求定位标签的坐标为 O_0（x_0，y_0）。设定 d_1、d_2、d_3 分别为 3 个定位基站与定位标签 O_0 之间通过信号的传播时间计算的相对距离，每个基站以相对距离为半径画一个圆形轨迹。利用 3 个圆形方程能够计算出唯一的交点，计算公式如下所示：

$$\sqrt{(x_0-x_1)^2+(y_0-y_1)^2}=vt_1 \quad \text{式 9-4-1}$$

$$\sqrt{(x_0-x_2)^2+(y_0-y_2)^2}=vt_2 \quad \text{式 9-4-2}$$

$$\sqrt{(x_0-x_3)^2+(y_0-y_3)^2}=vt_3 \quad \text{式 9-4-3}$$

测距方法属于双向测距技术，它主要利用信号在标签和基站之间往返的飞行时间来测量节点间的距离。传统的测距技术分为双向测距技术和单向测距技术。ToF 属于双向测距技术，而到达时差（TDoA）则是单向测距技术，只需要测量定位基站到定位标签之间的单程距离即可。

TDoA 定位是一种利用时间差进行计算的方法。精准的绝对时间相对较难测量，通过比较信号到达各个 UWB 定位基站的时间差，计算出信号到各个定位基站的距离差，就能作出以定位基站为焦点，距离差为长轴的双曲线，3 组双曲线的交点就是定位标签的位置。TdoA 原理示意图见图 9–14。

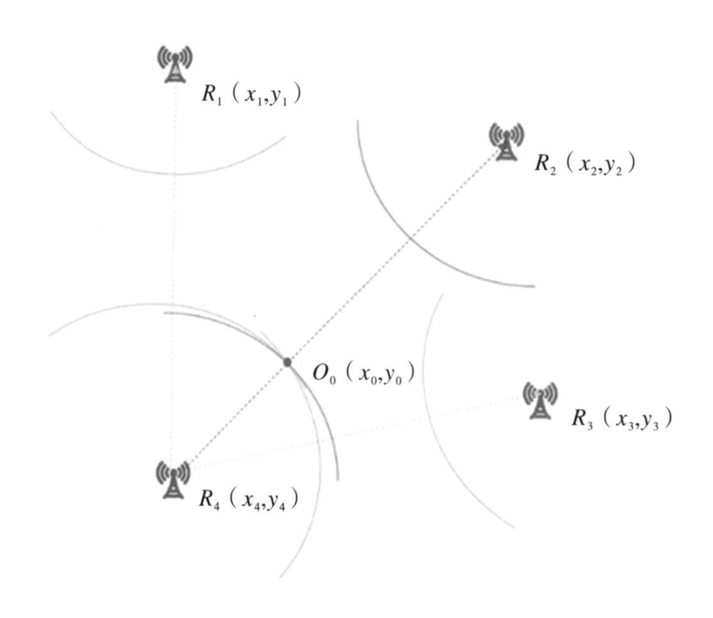

图 9–14　TDoA 原理示意图

如图 9–14 所示：UWB 定位基站的坐标分别为 R_1（x_1，y_1）、R_2（x_2，y_2）、R_3（x_3，y_3）、R_4（x_4，y_4），基站 R_1、R_2、R_3、R_4 在安装部署时位置固定且坐标已知，所求定位标签的坐标为 O_0（x_0，y_0）。脉冲信号的传播速度为常数 v=30×10^4 km/s，假设脉冲信号从标签 O_0 到达基站 R_1、R_2、R_3、R_4 的时间分别为 t_1、t_2、t_3、t_4，分别以（R_1，R_4），（R_2，R_4），（R_3，R_4）作为焦点，定位标签 O_0 发送的信号到两基站间的距离差为常数，可以得到 3 组双曲线，双曲线的交点即是定位标签 O_0 的坐标。求解坐标（x_0，y_0）的方程组如下公式所示：

$$\sqrt{(x_0-x_1)^2+(y_0-y_1)^2}-\sqrt{(x_0-x_4)^2+(y_0-y_4)^2}=v(t_1-t_4) \qquad \text{式 9–4–4}$$

$$\sqrt{(x_0-x_2)^2+(y_0-y_2)^2}-\sqrt{(x_0-x_4)^2+(y_0-y_4)^2}=v(t_2-t_4) \qquad \text{式 9–4–5}$$

$$\sqrt{(x_0-x_3)^2+(y_0-y_3)^2}-\sqrt{(x_0-x_4)^2+(y_0-y_4)^2}=v(t_3-t_4) \qquad \text{式 9–4–6}$$

不同于 ToF 的是，TDoA 是通过检测信号到达两个基站的时间差，而不是到达的绝对时间来确定移动台的位置，因此降低了系统对时间同步的要求。TDoA 算法是对 ToF 算法的改进，与 ToF 算法相比，不需要加入专门的时间戳，定位精度也有所提高。

9.4.2 信号发射器结构

由原理可知，标签、基站实际上都是同构的信号发射与接收装置。此装置主要包括信号收发模组和天线，然后为其配上一个供电模块。在实际使用时，需要读取数据并解算，因此在连接电脑的基站（通常为基站 A）时需要额外增加一个数据传输模组，向电脑输出数据，同时改由电脑供电，可取消供电模组。信号发射与接收装置示意图见图 9–15。

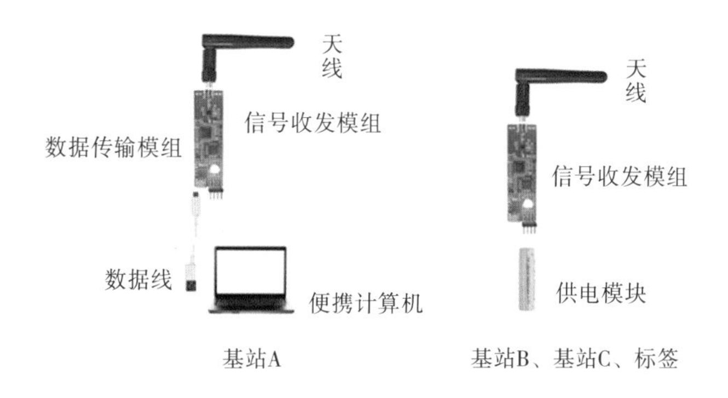

图 9–15　信号发射与接收装置示意图

9.4.3 林间作业效果

在实际工作中，我们根据样地地形和植被情况布设 3 ～ 4 个基站，采用 ToF 或 TDoA 方式定位。UWB 林间作业示例图见图 9–16。图 9–16 是一个 3 基站 ToF 定位的示例：在样地周围布置 3 个基站作为已知点，测量其相对位置并以坐标方式预先写入解算程序，启动设备后，由调查员手持信号发射器靠近需要测量的样木，读取其坐标。

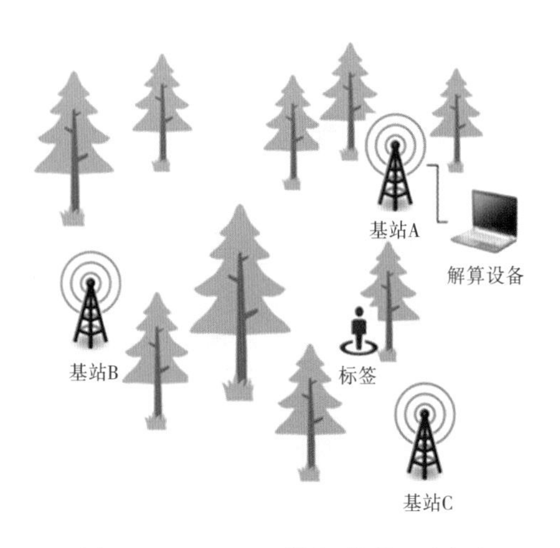

图 9–16　UWB 林间作业示例图

在目前所使用的设备条件下，经与测距仪、皮尺的测量结果比对，UWB 在林间实测平均定位精度为 20 ～ 30 cm，最高可达到 5 cm。整个基站、天线和供电模组全重 300 g 左右，一节 18650 锂电池即可供基站连续工作 8 h 左右。基站信号平地辐射范围约为 120 m，林下基站间距在 20 m 左右时定位结果比较稳定。基站易于携带，架设简单快速，但植被遮挡对信号的影响仍然较大，下一步可尝试通过增大设备功率解决。

9.5 桉树人工林物联网监测数据应用系统

广西是我国人工林面积最大的省区，是全国采伐限额指标占有量最大的省区，当前将具有速生丰产、效益显著的桉树作为发展速生丰产林的战略树种。广西第九次森林资源连续清查调查结果显示，广西人工林以松树、杉木、桉树为主，其中桉树人工林占广西乔木林面积的 24.4%，占乔木林蓄积量的 16.2%。由于桉树生长快，传统的连续清查难以反映间隔期的变化，许多样地的生长量体现在未测生长和未测消耗，准确地监测桉树的生长过程及其环境之间的相互关系，并进一步管控环境因子，有助于提升桉树生产力。随着科学技术的发展，物联网技术在各行各业得到广泛应用，特别是环境监测领域。物联网监测设备通过实地部署，与物联网信息管理云平台进行集成，实现桉树人工林生长与环境信息的自动、连续监测以及监测信息的分析和可视化。

9.5.1 系统结构

桉树人工林区复杂环境下工作的物联网综合监测系统由感知端、传输管道、云端存储与管理三部分组成。其中感知端主要由获取桉树人工林生长与环境因子的各种传感器组成。传输端主要包括网关设备和传输节点，实现监测数据从节点到网关的连续、稳定传输。云端主要实现感知设备和感知数据的接入、存储与管理、分析与可视化。

（1）感知端

感知端主要由感知桉树生长因子的传感器、土壤参量传感器和气象因子传感器组成。感知桉树生长因子的传感器包括单木胸径传感器（数字量传感器）、树干含水率传感器（数字量、模拟量传感器）、郁闭度测量系统等。感知土壤参量的传感器包括土壤剖面水分－温度复合传感器（模拟量）、土壤电导率－水分复合传感器（模拟量）和土壤 pH 传感器（模拟量）。气象因子主要包括空气温湿度、光照、风速风向、降水量、CO_2、日照时数、土壤温湿度等模拟量传感器。

（2）采集传输设备

物联网关　针对桉树人工林环境的复杂性以及物联网监测的多样性，本文设计了物联网网关结构。网关设备由MCU控制单元、网络传输单元、LoRa单元、数据缓存模块、电源模块等几部分组成。MCU控制单元是网关的核心模块，承担物联网网关的大部分功能实现以及功能控制。LoRa单元通过LoRa无线链路与LoRa数据采集节点相连，负责将数据采集节点上报的传感器数据传递到MCU控制单元，以及将MCU的控制指令发送到采集单元，起到数据传输的桥梁作用。网络传输单元根据实际情况选择4G网络、有线以太网、Wi-Fi无线网之一将数据传输到云数据平台。电源模块通过太阳能板、蓄电池、稳压模块等为设备提供电力。物联网网关体系结构见图9-17。

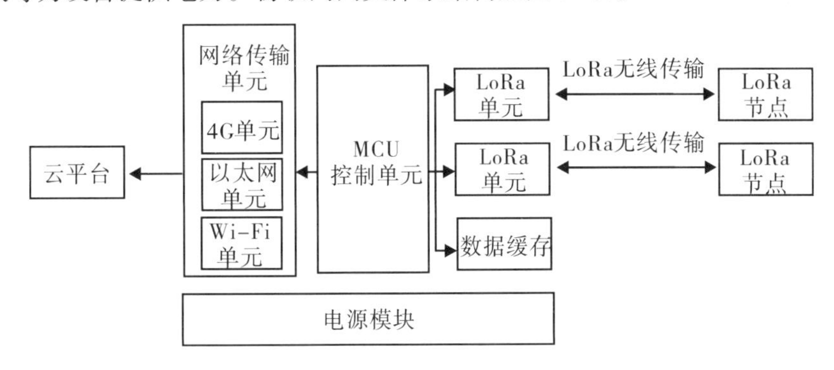

图9-17　物联网网关体系结构图

在桉树人工林物联网监测体系中，网关设备作为无线传感器网络的通信网络的枢纽，负责接入和管理LoRa感知网络，并通过MQTT协议连接到公网云平台。主控模块上，选用STM32L051作为主控MCU，在其上进行数据传输、节点控制、数据缓存、数据上报等子系统的开发。作为感知网络网关的核心模块，这是一款基于低功耗广域网LoRa私有协议的物联网网关，具有较低的功耗和较强的环境适应能力，通过特殊的加工，可以适应恶劣的林区环境，同时采用低功耗和宽的电压范围以适应太阳能供电系统的要求。

LoRa单元负责接入和管理LoRa感知网络，并通过协议转换连接上公网Internet。选用了济南有人物联网技术有限公司LoRa集中器产品USR-LG220，这是一款基于低功耗广域网LoRa私有协议的物联网基站集中器，通过USR私有协议将集中器和众多LoRa模块组成一个有序的通信网络，集中器自主管理节点入网，用户可以通过网页设置LoRa参数；由集中器实现数据下发和接收LoRa节点数据，然后将有效数据上传至控制单元。

在LoRa网关和节点之间通过私有传输、控制协议，将LoRa网关和众多采集模块组成一个有序、高效的通信网络，网关通过控制命令设置节点的运行时间和采集参数。数据采集节点则根据网关的控制命令按时、按需采集相应传感器数据并传输给网关，数据采集节点在不工作时将关闭传感器和传输模块电源，并使控制器进入超低功耗睡眠状态，以最大程度节约电力，延长电池寿命。

在网关与云数据平台之间通过 MQTT 协议相连接。MQTT 是一个基于客户端 - 服务器的消息发布 / 订阅模式的“轻量级”通信协议。该协议构建于 TCP/IP 协议上，由 IBM 在 1999 年发布。MQTT 最大优点在于可以以极少的代码和有限的带宽，为连接远程设备提供实时可靠的消息服务。作为一种低开销、低带宽占用的即时通信协议，其在物联网、小型设备、移动应用等方面有较广泛的应用。MQTT 协议的轻量、简单、开放和易于实现的特点使它适用范围非常广泛。在很多情况下，包括受限的环境中，如：机器与机器（M2M）通信和物联网（IoT）都能发挥良好的应用效果。目前国内的物联网平台（百度物联网、阿里物联网等）均以 MQTT 协议作为默认物联网设备数据输入协议。

节点设备 无线传感器网络节点具有采集、处理和传输数据的功能。在桉树人工林环境监测过程中，传感器感知的数据有模拟量和数字量，因此设计 3 种不同型号的节点设备，分别是模拟量节点、数字量节点以及全功能节点。节点设备大体包含传感器、数据采集部分、MCU 控制单元、传输模块、供电系统等几个部分。模拟量节点、数字量节点、全功能节点结构分别见图 9-18、图 9-19、图 9-20 所示。

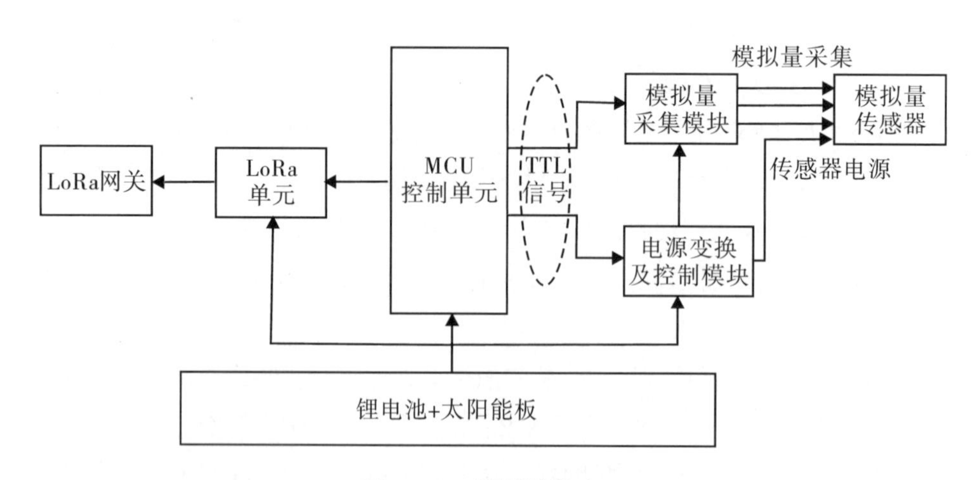

图 9-18 模拟量节点

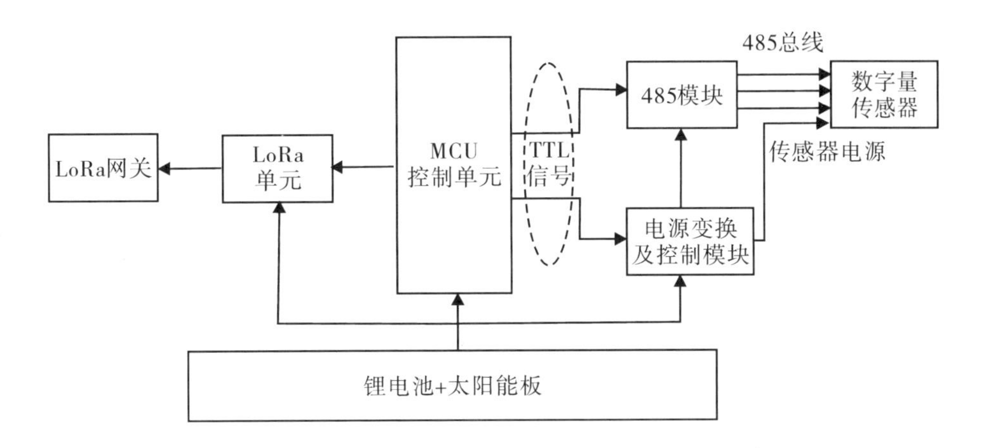

图 9-19　数字量节点

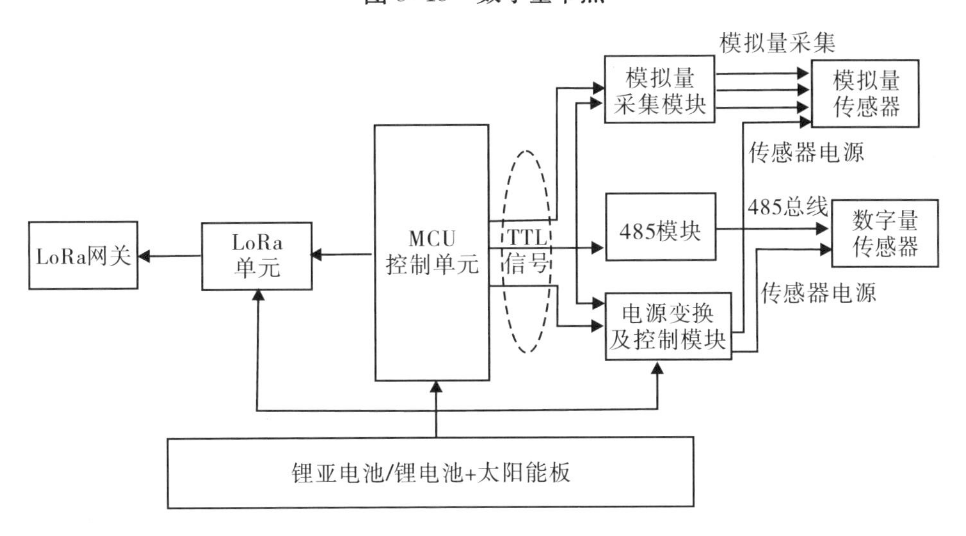

图 9-20　全功能节点

3 种型号的节点设备主要区别在于数据采集部分。数据采集部分主要指节点中的模拟量采集模块和 485 模块，这两种模块与传感器之间通过航空插头进行连接（传感器与节点设备连接的统一约定）。其中，模拟量节点连接模拟量传感器，由于模拟量传感器采集的原始数据需要被转换为数字量，因此通过模拟量采集模块进行模拟量的采集与数字化转换（AD）。数字量节点连接数字量传感器，由于可以直接获得数字信号，即已经完成了模数转换，因此不需要连接模拟量采集模块，MCU 控制单元输出的 TTL 信号经 485 模块电平变换后直接通过 485 接口与数字传感器连接。全功能节点同时具有模拟量采集模块和 485 模块，可同时对模拟量和数字量两种传感器进行数据采集，实际应用中可根据需要灵活选择不同型号的节点设备。

MCU 控制单元与传输模块及采集模块之间通过 TTL 接口连接，是节点设备的核心，该模块采用STM32L051系列MCU作为开发平台，进行MCU采集控制系统及数据传输协议的构建。

传输模块为符合LoRa协议的通信模块，实现由节点到网关的通信。为了保证与网关的正常组网与通信，本研究同样选择了济南有人物联网技术有限公司的产品LoRa通信模块USR-LG206-L。这是一个支持集中器通信协议的低频半双工LoRa串口DTU，实现外部串口设备和LoRa集中器的互转通信。

供电系统主要包括电源和电源变换控制模块。设备采用一块12V电压的锂电池，分别给MCU控制单元、数据采集器与传输模块供电，并通过电源变换及控制模块给传感器供电，在休眠时切断传感器电源以降低能耗。此外，采用一块太阳能板通过充放电管理器为锂电池充电。

（3）桉树人工林物联网监测信息云管理系统

桉树人工林物联网监测信息云管理系统能够智能提取人工林生长与环境数据，结合数据智能分析，呈现树种各个环境因素走势，如空气温湿度、土壤温湿度、光照度、pH值等。通过手机、计算机等信息终端向经营者推送实时监测信息、报警信息，实现人工林现场信息化、智能化远程管理。人工林物联网监测信息云管理系统架构示意图见图9-21。

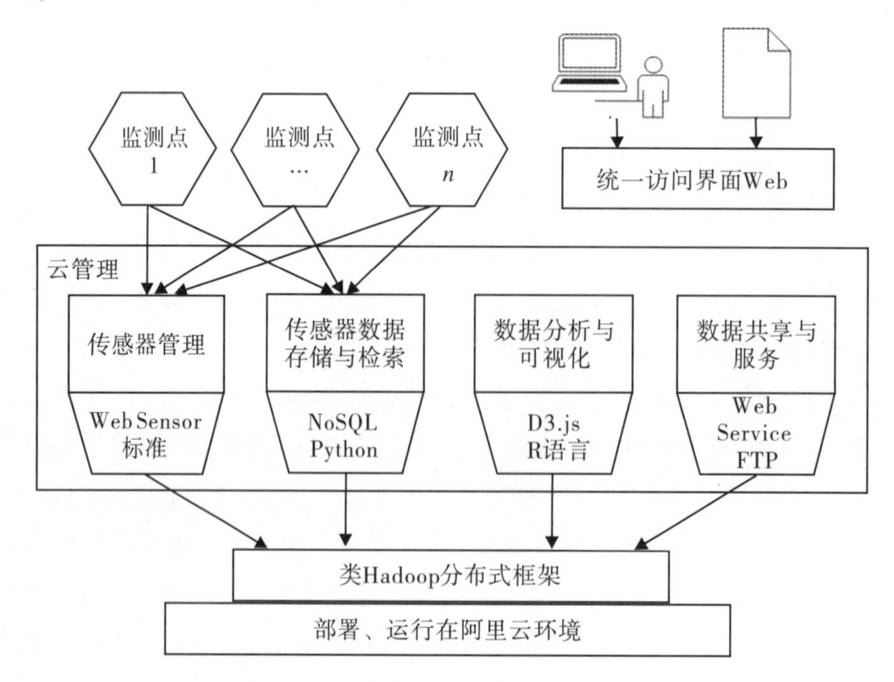

图9-21　人工林物联网监测信息云管理系统架构示意图

通过开发基于公共云平台的物联网云系统，实现多种类型监测数据的自动汇集和云存储管理，实现基于互联网的数据调用服务和可视化交互服务，实现对人工林监测场物联网设备的管理。物联网云系统具有 3 种不同类型的用户：人工林经营管理人员、人工林物联网监测系统管理人员、物联网云平台运营管理人员。

系统要管理人工林物联网的监测数据，包括：单木胸径、树干含水率、土壤 pH 值、土壤剖面水分、环境监测光照、风速风向、降水量、空气温湿度、二氧化碳、土壤温湿度的数据。支持分布式海量数据存储的一致性和弹性计算。众多的传感器设备需要提供统一设备接入地址，提供统一的设备接入流程，提供统一的设备接入方法，支持不同设备厂商的设备注册和设备登记，设计统一的操作方式与操作流程。

9.5.2 系统部署

（1）传感器采集节点部署

采集节点均为多要素采集点。均配备了单木直径传感器、树干水分传感器、土壤剖面水分传感器、土壤电导率传感器，部分采集点选配了土壤电导率传感器、土壤 pH 传感器。为了与进口直径测量传感器进行对比，还布设了 6 个德国产胸径传感器。其中自主研发的基于角度的直径传感器、基于拉线的直径传感器、土壤剖面水分传感器、土壤电导率传感器和土壤 pH 传感器均为数字量传感器，通过总线连接到采集节点中的传输单元 485 接口。树干水分传感器、德国产胸径传感器为模拟量传感器，通过 RS485 总线连接到采集节点中的采集器，采集器经过 AD 转换后接入传输单元 485 接口，传输单元通过 LoRa 通信协议将数据传输到网关设备。采集节点及传感器安装实景图见图 9–22。

图 9–22　采集节点及传感器安装实景图

（2）小气候观测站安装

在采集点的传感器采集节点附近及林外路边还分别部署了林内、林外小气候观测站各1台，配有空气温湿度、气压、风速风向、日照、日照时数、辐射、CO_2、土壤温度和土壤水分（2层，20/30 cm）、降水量等12个气象要素。该观测站是一个独立的采集系统，系统通过GPRS/3G/4G网络向厂家与我们共同约定的数据接口发送观测数据。

在采集节点的另一侧安装了一个高15 m的立杆，将视频监控摄像头安装在立杆顶部，而网络硬盘录像机则安装在网关所在的屋内墙面上。LoRa网络属于窄带网络，无法支撑视频数据的传输，为此我们在网关设备处和视频探头立杆上各安装一个大功率网桥，实现视频数据的传输。小气候观测站如图9–23所示。

（a）林内

（b）林外

图9–23　小气候观测站

9.5.3 桉树人工林信息物联网云管理系统应用

通过软硬件集成，实现了云管理系统对网关发送的MQTT消息接收，完成了数据解析和数据建模、数据存储管理和设备管理。人工林信息物联网云管理系统已经可以从建模管理、设备管理、拓扑结构、数据管理、可视化等几个层面管理和展示物联网监测系统的硬件信息和采集数据信息。

监测区拓扑结构图见图 9–24。图中显示了目前系统所管理的监测区及其拓扑结构，可以看到目前所接入的采集点信息和每个采集点所配备的传感器情况。

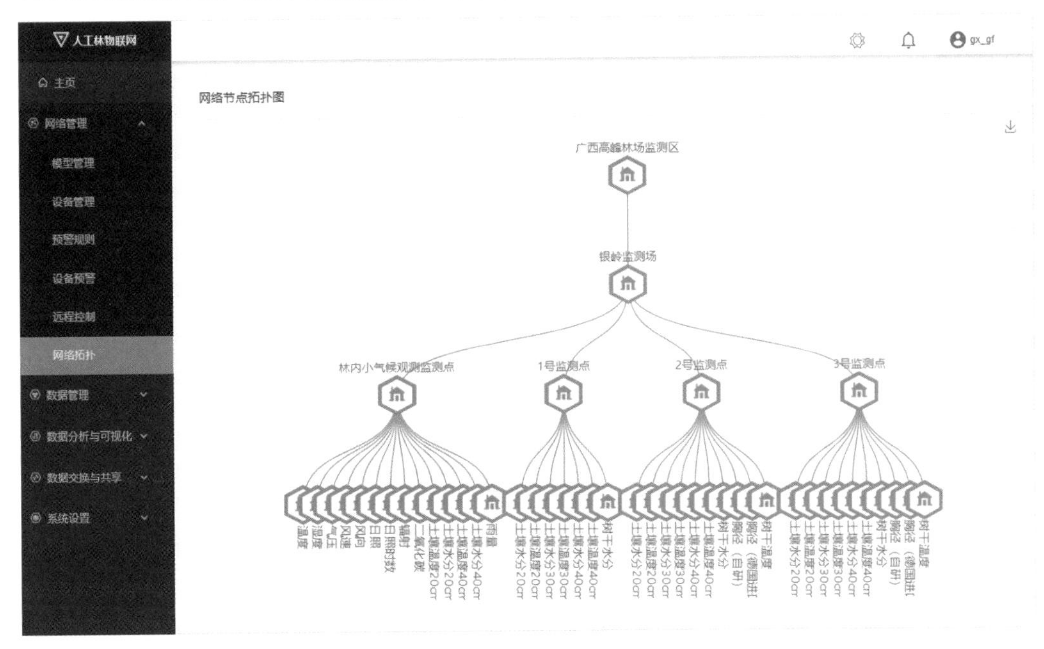

图 9–24　监测区拓扑结构图

采集点监测模型管理图见图 9–25。图中显示了利用百度云物联网的物接入技术，可以实现对监测点进行建模，在此模型的基础上对监测数据的管理、检索、可视化计算进行统一配置和管理。

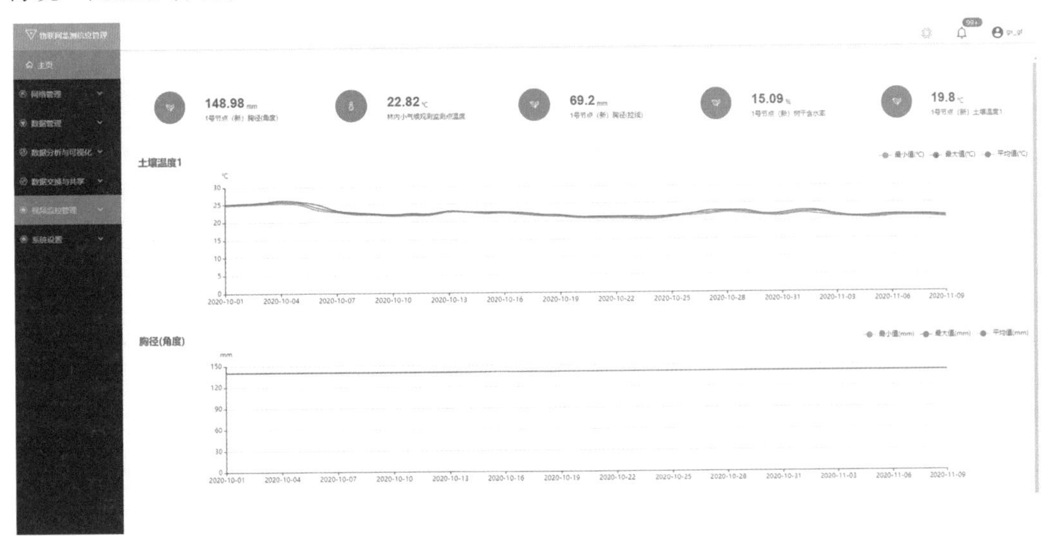

（a）主页

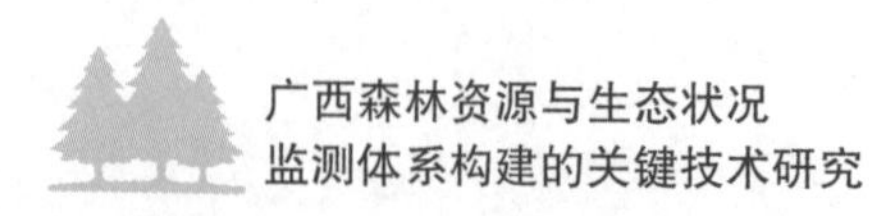

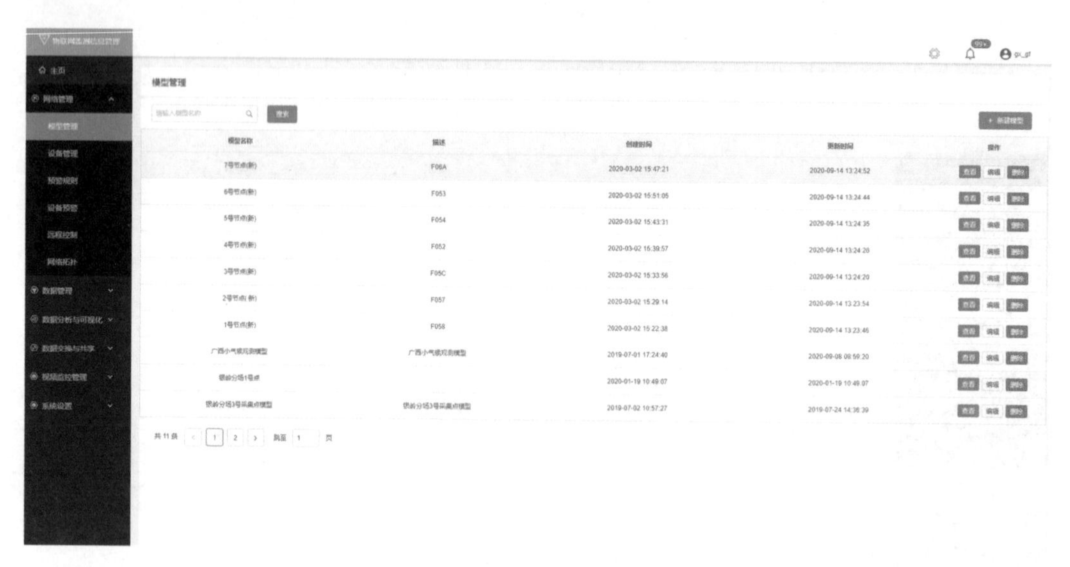

（b）模型管理列表

图 9-25　采集点监测模型管理图

智能手机应用已经非常普及，基于智能手机的 App 也可以实现随时随地查看监测数据并做出反应。智能手机 App 查看数据界面示意图见图 9-26。

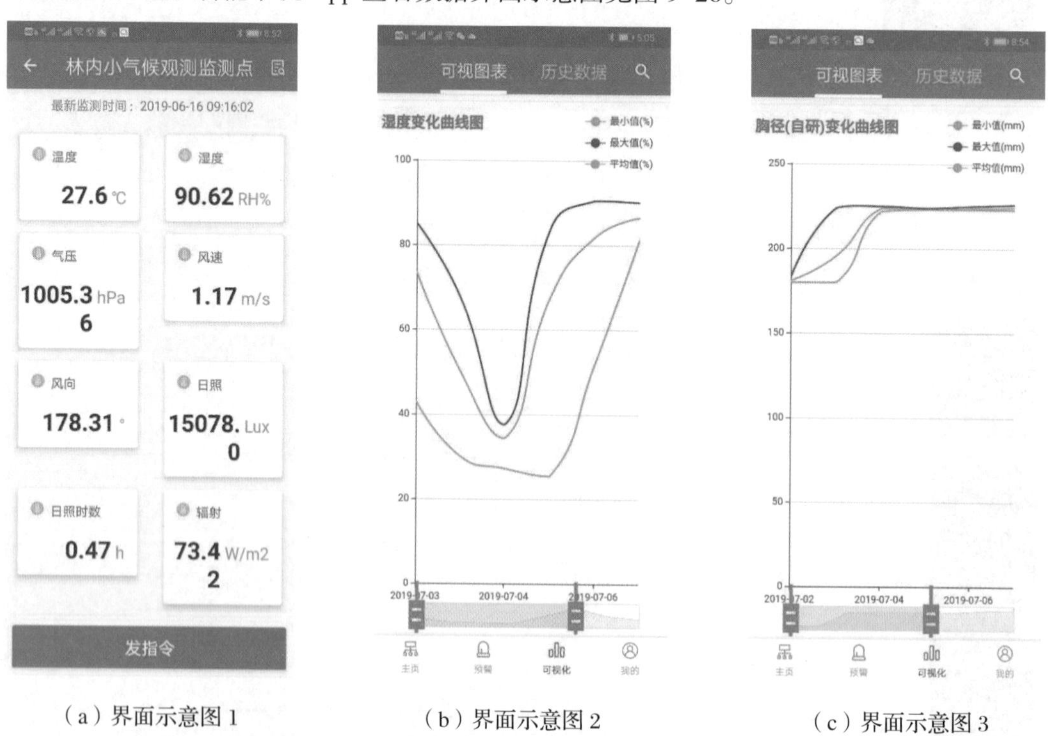

（a）界面示意图 1　　（b）界面示意图 2　　（c）界面示意图 3

图 9-26　智能手机 App 查看数据界面示意图

9.6 林木生长过程模拟系统设计与实现

广西地跨中亚热带、南亚热带、北热带，地形地貌复杂，森林资源丰富，植物种类多样，不同植物生长有快有慢。树干解析是研究林木生长过程的方法，在生产和科研中得到广泛应用。项目组应用文献整理方法，收集 100 多种广西乔木树种，树干解析木数据库共收集 100 多个树种 335 株解析木，研建不同树种林木生长过程模型，可以了解和预估不同年龄林木的测树因子的生长过程，预估森林收获量，应用树干解析资料，建立不同树种生长模型，进行森林档案数据更新，可以实现森林资源小班的精准化管理。由于涉及数据量大，建模多，项目组开发了林木生长过程模拟系统。

9.6.1 系统结构

通过调查和收集林木树干解析资料，研究建立主要树种林木生长过程模型，提供林木生长率，是预估样地蓄积量，进而估计区域森林蓄积量的基础数据。本系统主要由树种简介、树干解析库、生长模拟、模型应用 4 个功能模块组成。系统总体结构见图 9–27。

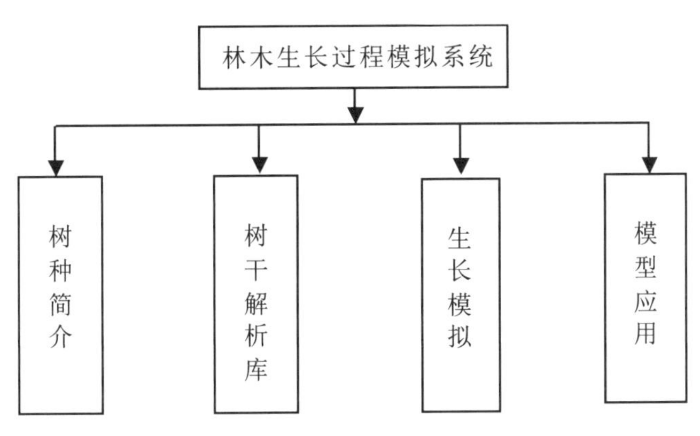

图 9–27　系统总体结构

9.6.2 系统功能

（1）树种简介模块

本系统共收集广西多个乔木树种，每一个树种记录 13 项属性，包括树种名、别名、拉丁名、科、属、生活型、叶型、叶序、叶脉、果实、花序、关键特征、地理分布等，实现每个树种多张图片管理和查询。

（2）树干解析库模块

通过数据库科学设计，记录各种树种树干解析木的资料，为林木生长过程模拟、树干解析的拓展应用提供基础。解析木的属性包括树种名、树种组、树木年龄、龄距、测树因子类型、总生长量、各个圆盘记录（共 20 个）、解析木来源、备注。树干解析数据库见图 9–28。

树干解析数据库

记录号 54 删除标记 树种选择1: 松 树种选择2: 树种(组)选择:

序号	树种	树种组
Y-7	云南松7	云南松
Y-8	云南松8	云南松
Y-8	云南松8	云南松
Y-8	云南松8	云南松
Y-9	云南松9	云南松
Y-9	云南松9	云南松
Y-9	云南松9	云南松
M-1	马尾松	马尾松
M-1	马尾松	马尾松
M-1	马尾松	马尾松
m-10	马尾松8	马尾松
m-10	马尾松8	马尾松
m-10	马尾松8	马尾松
m-11	马尾松9	马尾松
m-11	马尾松9	马尾松
m-11	马尾松9	马尾松
m-12	马尾松10	马尾松

序号	树种	树种组	年龄	龄距	类型	总生长量	D1	D2	D3	D4	D5
Y-7	云南松7	云南松	68	5	V	2.6278	0.0002	0.0041	0.0121	0.0240	.0593
Y-8	云南松8	云南松	69	5	D	49.4000	0.0000	3.4000	10.4000	14.8000	.9000
Y-8	云南松8	云南松	69	5	H	26.9000	0.8000	2.8000	6.8000	11.3000	.3000
Y-8	云南松8	云南松	69	5	V	2.6222	0.0002	0.0044	0.0281	0.0932	.2412
Y-9	云南松9	云南松	72	5	D	39.0000	0.0000	5.1000	8.3000	10.6000	.5000
Y-9	云南松9	云南松	72	5	H	25.0000	1.0000	3.3000	7.3000	11.3000	.3000
Y-9	云南松9	云南松	72	5	V	1.6681	0.0003	0.0051	0.0198	0.0597	.1356
M-1	马尾松	马尾松	14	1	D	13.4000	0.0000	0.6000	1.4000	3.5000	.2000
M-1	马尾松	马尾松	14	1	H	14.1000	1.3000	2.6000	3.6000	4.6000	.6000
M-1	马尾松	马尾松	14	1	V	0.0968	0.0000	0.0002	0.0004	0.0028	.0086
m-10	马尾松8	马尾松	23	5	D	30.0000	5.4000	13.6000	19.7000	23.4000	.1000
m-10	马尾松8	马尾松	23	5	H	0.0000	4.6000	9.8000	12.8000	15.6000	.4000
m-10	马尾松8	马尾松	23	5	V	0.6309	0.0066	0.0605	0.2258	0.3821	.5313
m-11	马尾松9	马尾松	24	5	D	31.5000	4.2000	13.0000	18.3000	23.0000	.5000
m-11	马尾松9	马尾松	24	5	H	0.0000	3.6000	8.6000	12.3000	15.0000	.6000
m-11	马尾松9	马尾松	24	5	V	0.6039	0.0037	0.0522	0.1585	0.3157	.5260
m-12	马尾松10	马尾松	43	5	D	29.9000	3.6000	10.0000	13.6000	16.8000	.0000

建模数据提取 数据浏览 刷新 退出

图 9–28　树干解析数据库

（3）生长模拟模块

森林生长数学模型包括了单木生长数学模型和林分生长数学模型两大部分。单木是林分生长的基础，直径、树高、材积的生长是累积性生长，这种生长速度一般随树木年龄的增加经历由缓慢、旺盛、缓慢、最终停止这样一个过程，这种过程通常为 S 形曲线，可以用数学模型进行描述。理想的模型应该建立在符合森林生长规律的基础之上，并且模型参数具有生物学意义。系统提供 Richards 模型、Logistic 模型、Mitscherlich 模型、Schumacker 模型、Gompertz 模型进行生长过程模拟，给出拟合参数和评价指标，绘制拟合曲线，提供拟合结果的存储。生长模型拟合示意图见图 9–29。

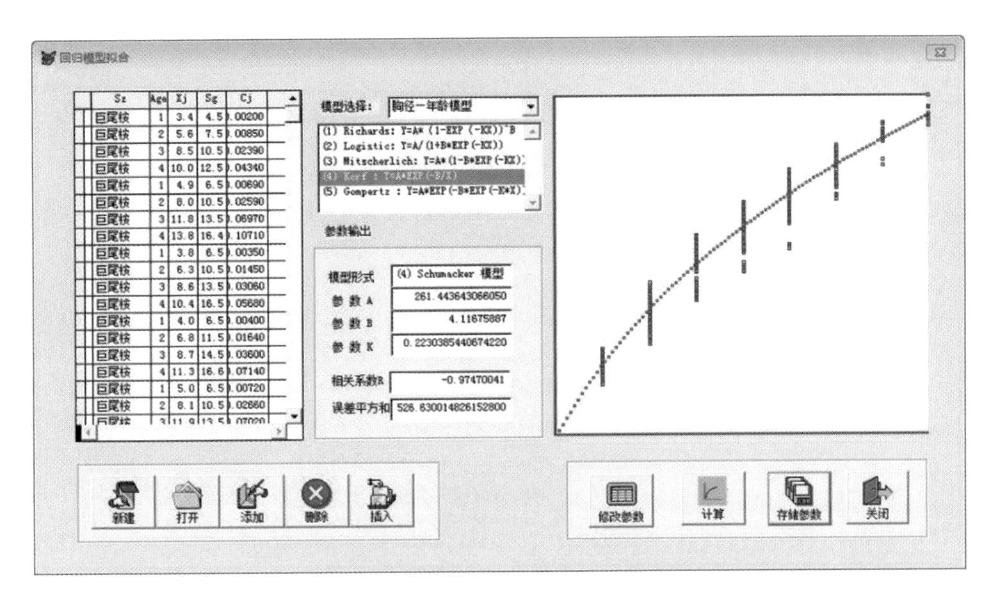

图 9-29　生长模型拟合示意图

（4）模型应用

由生长模拟模块拟合的各种林木生长过程模型，存储在数据表 SZ_CSK.DBF 中。模型应用模块主要是将连续的林木生长模型用离散的生长率更为直观地表现出来，同时计算林木连年生长量、平均生长量。林木生长的前期，连年生长量大于平均生长量，当连年生长量与平均生长量相等时，就可以认为此时的林龄是林木的合理主伐年龄。测树因子生长过程与生长率计算示意图见图 9-30。

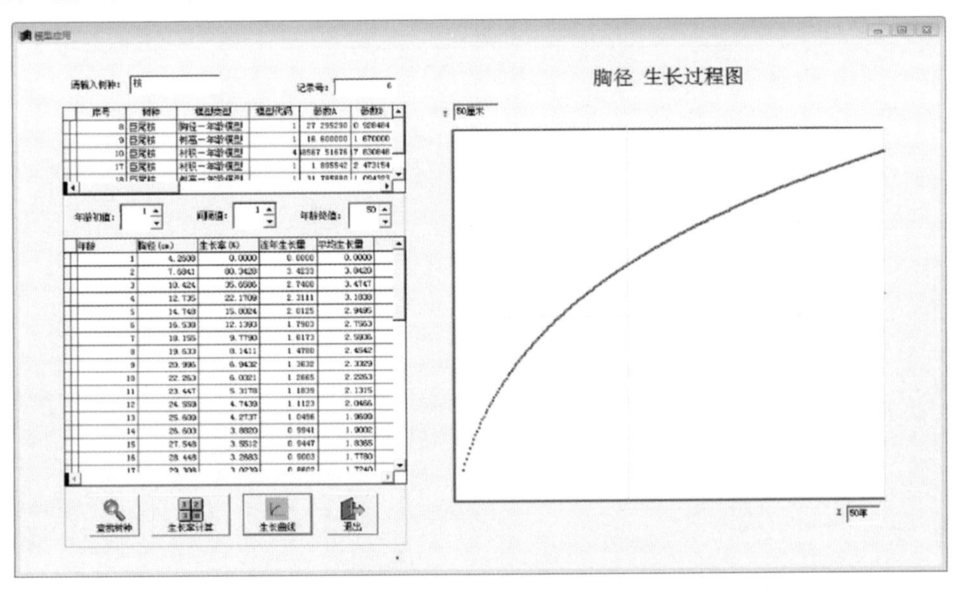

图 9-30　测树因子生长过程与生长率计算示意图

参考文献

[1]孙旭，杨印生，郭鸿鹏.近场通信物联网技术在农产品供应链信息系统中应用[J].农业工程学报，2014，30(19)：325-331.

[2]王惟洁，陈金鹰，朱军.NFC技术及其应用前景[J].通信与信息技术，2013(6)：67-69.

[3]王宇伟，张辉.基于手机的NFC应用研究[J].中国无线电，2007(6)：3-8.

第 10 章　监测体系建设成效与发展思考

10.1 建设成效

10.1.1 形成符合广西林情的森林生态监测、评价与预警理论方法体系

以森林资源连续清查结果为总控，提出市县逐项控制方法，解决市县森林蓄积控制问题；利用多指标监测空间成数抽样方法，实现了“一套体系，多项监测”；运用数学建模、机器学习、空间运算、地统计分析等方法，更新森林资源管理“一张图”，在空间上实现全域监测，在时间上实现季度监测、年度出数，在管理层级上实现区、市、县资源数据三级协调统一，在监测内容上实现森林资源与生态状况相融合；探索以林班为单元的森林资源网格化管理，及时发现森林资源异常变化的网格，提升林业治理体系和治理能力现代化水平。

10.1.2 创新广西森林资源与生态监测耦合技术方法

以现代生态学理论为指导，将广西区划为相对均质的生态地理分区，从经向和纬向变化、植被特点与森林资源分布的现状科学进行站点布局，构建广西陆地生态定位观测研究网络。通过对公众、管理和技术层面的需求分析，建立定位监测、遥感监测和信息系统监测相结合的资源与生态状况监测体系。利用定位监测取得大量、翔实的野外观测数据，结合不同生态因子，通过相应的耦合方法，将生态因子由离散数据转化为空间统一坐标的连续面状数据，部分监测指标采用抽样统计进行尺度转化，建立符合实际的森林生态评价参数，实现森林生态系统的水源涵养、水土保持、净化水质、固碳释氧等生态系统服务功能价值评估。

10.1.3 建立广西森林资源更新系列模型和科学数据库

利用森林资源连续清查前后期固定样地的保留木信息，建立基于植被分区的广西主要树种更新模型，为准确开展广西森林资源数据更新提供科学依据。建立广西多个树种树干解析数据库，是广西目前最为系统和完整的树干解析数据库，对研究广西林木生长量形成的原理、林木与林分生长过程的研究以及进一步发展森林生长量的学说具有重要意义。

10.1.4 研建以现代装备为支撑的广西森林生态监测平台

项目组先后开发了《通用林业野外信息采集系统 V1.0》《森林生态监测传感器数据自动采集系统 V1.0》《林业调查 NFC 信息管理平台 V1.0》《林业通用调查客户端 V1.0》等系统，提出以野外采集终端开发，建立林业野外信息采集与管理信息系统，实现林业野外调查数据采集的高效管理，为控制调查质量和工作进度提供有力支撑。另外，开展 UWB 定位的林间定位技术、NFC 技术、森林生态监测多源传感器数据整合技术、胸径生长监测传感器技术等在林业监测中的应用研究。

10.2 发展思考

10.2.1 监测体系要面向社会热点需求与时俱进

践行山水林田湖草系统治理理念，融入自然资源综合监测体系，构建以统一（基础）调查、专项专题调查、动态监测与数据更新、数据处理与综合集成、成果表达与应用服务的体系框架，从生态区域、生态系统不同尺度与层级进行监测评估，加强人类活动和气候变化背景下林草生态系统格局演变过程、退化机理及其驱动机制，以及生态系统与环境要素耦合机理和变化模拟、生态系统承载力评估、资源环境监测预警技术与方法研究。

根据全面推行林长制的需求，在衔接第三次全国国土调查的基础上，不断完善森林草原资源“一张图”“一套数”动态监测体系建设，及时掌握资源动态变化，提高预警预报和发现、查处问题的能力，提升森林草原资源保护发展智慧化管理水平。国家设立生态红线，并建立以国家公园为主体的自然保护地体系，要开展生态红线监测预警评价体系研究。全民所有制的森林经营单位要逐步编制资产负债表，报告年度森林生态资产状况，要开展实现森林资源与生态资产管理过程的精准监测研究。

为碳中和的实施途径提供林业技术支撑，要开展构建全口径林业碳汇计量监测体系研究，通过对森林、草地、湿地、石漠化生态系统对气候变化的响应规律及适应对策等基础理论、关键技术研究，掌握各类生态系统吸收二氧化碳的过程和机理，准确计量生态系统的碳吸收、碳排放情况，把握碳汇的运行规律，有针对性地进行保护和修复，增强碳汇功能，提升生态系统汇碳增量。

树立绿水青山就是金山银山的理念，充分认识高质量推进林业生态建设与产业发展是助推乡村振兴的必然要求和战略选择，加强监测体系研发，依托监测数据科学分析绿色发展潜力、开发生态产品及其产业发展途径，为乡村振兴和区域生态经济发展提供支撑。

10.2.2 监测体系要面向现代高新技术发展

发展成熟高效的监测体系，离不开科技创新的驱动，其中既需要成熟技术的集成应用，也需要创新技术的探索研发。为实现森林资源与生态环境监测工作的科学化、智能化，应进一步加强高新技术的研发应用。遥感技术具有数据覆盖范围广、获取快速、处理高效等优势。多源数据与人工智能算法融合能较好地解决遥感植被分类及土地利用变化；立体测绘卫星与激光雷达的主动遥感技术可以提取森林高度，能更好地描述森林冠层垂直结构信息，可以进行森林参数的定量测量；空基与地基三维激光扫描成像技术将替代地面人工调查；地面生态监测与遥感关系实证研究取得进展；高分遥感应用系统和自主高分数据在不同尺度的林业调查和监测业务应用更加广泛。加强无人机技术、物联网技术应用，针对重点监测区域进行全方位观测。进一步借助“天空地网”多平台观测技术进行森林资源与生态环境的长时序、精细化、动态化监测。深化人工智能技术的应用研发，推进人工智能算法的业务化应用，注重数据收集，构建高质量训练样本库，开展算法适用性检验，结合数学模型进行针对性优化，实现精准计量；借助增强现实、虚拟现实等技术快速实现森林资源与生态状况的现状感知、未来预见。进行多元技术集成，构建集数据获取、数据核查、数据分析、预测预警、决策支持于一体的森林资源与生态环境感知反馈体系。

10.2.3 建立支撑体系

建立健全支撑体系，加强组织机构和人才队伍保障，建立完善区、市、县三级森林资源与生态状况监测机构，落实监测人员编制，重点抓好高层次监测人才队伍建设。加强经费投入保障，将监测体系建设及运行所需经费纳入各级财政预算，同时，为先进技术装备配置、新技术研发提供资金保障。以先进的监测技术和设备为支撑，提高综合监测水平。加强联动机制保障，加强区、市、县监测工作的纵向协调和沟通，加强与生态环境、水利、气象、农业等相关部门的横向联系，建立纵向、横向监测体系建设协调配合机制，做到监测内容、技术手段、监测频次的有机衔接，确保监测互联网络的共建、共享。

参考文献

[1] 自然资源部 . 自然资源调查监测体系构建总体方案 [Z].(2020-01-17)[2021-08-19].http://www.gov.cn/zhengce/zhengceku/2020-01/18/content_5470398.htm.